U0213270

智慧空间

THE SPATIAL WEB

How Web 3.0 Will Connect Humans,
Machines and AI to Transform the World

揭秘 Web 3.0
将如何连接人类、机器
和人工智能，改造世界

【美】加布里埃尔·雷内
（Gabriel Rene）
【美】 丹·马普斯
（Dan Mapes）
著

徐　锷
孙亚洛
译

清华大学出版社
北京

内 容 简 介

本书首先回顾了互联网的诞生以及从 PC 互联到移动互联的发展历程；然后结合区块链、人工智能、增强现实/虚拟现实、物联网、5G 等多种技术的最新成果，揭示在这些先进技术的支撑下，下一代互联网将走向空间化的必然趋势；之后，深入地分析了现有的万维网因其存在的结构性缺陷，将无法承载未来发展，进而详细阐述如何将多种技术融合为一，搭建一个完整的智能空间网络的构思。本书还就如何将这一全新的网络架构应用于城市管理、建筑/工业设计、仓储物流管理、广告及电子商务提出了具体设想。

北京市版权局著作权合同登记号　图字：01-2020-2329

图书在版编目（CIP）数据

智慧空间：揭秘 Web 3.0 将如何连接人类、机器和人工智能，改造世界/（美）加布里埃尔·雷内（Gabriel Rene），（美）丹·马普斯（Dan Mapes）著；徐锷，孙亚洛译.—北京：清华大学出版社，2020.5

书名原文：THE SPATIAL WEB: HOW WEB 3.0 WILL CONNECT HUMANS, MACHINES AND AI TO TRANSFORM THE WORLD

ISBN 978-7-302-55299-4

Ⅰ.①智…　Ⅱ.①加…　②丹…　③徐…　④孙…　Ⅲ.①互联网络—应用 ②人工智能—应用　Ⅳ.①TP393.4 ②TP18

中国版本图书馆 CIP 数据核字（2020）第 056453 号

责任编辑：文　怡
封面设计：徐卓群　王昭红
责任校对：李建庄
责任印制：丛怀宇

出版发行：清华大学出版社
　　　　网　　址：http://www.tup.com.cn，http://www.wqbook.com
　　　　地　　址：北京清华大学学研大厦 A 座　　邮　　编：100084
　　　　社 总 机：010-62770175　　　　　　邮　　购：010-62786544
　　　　投稿与读者服务：010-62776969，c-service@tup.tsinghua.edu.cn
　　　　质量反馈：010-62772015，zhiliang@tup.tsinghua.edu.cn
　　　　课件下载：http://www.tup.com.cn，010-83470236
印 装 者：小森印刷霸州有限公司
经　　销：全国新华书店
开　　本：170mm×230mm　　印　　张：11.5　　字　　数：132 千字
版　　次：2020 年 6 月第 1 版　　　　　印　　次：2020 年 6 月第 1 次印刷
印　　数：1～2500
定　　价：49.00 元

产品编号：086742-01

这是一本献给所有后代的书

This book is dedicated to all future generations

序　言

找不到钥匙是不是一桩很讨厌的事？明明前一刻生活还如此美好，下一刻您却沮丧地把房子翻了个底朝天，就像印第安纳·琼斯[①]在寻找失去的方舟。平均每个美国人每年要花 2.5 天的时间找寻那些放错了位置的东西（遥控器在哪里？），每年有 27 亿美元花在购买那些找不回来的东西（我现在买眼镜的时候都一次买一打）。

事实证明，人类太容易搞丢东西了。航空公司每年搞丢超过 350 万件行李。货船每年搞丢上万个运输集装箱，价值超过 500 亿美元。钥匙、眼镜和货物还可以很容易地再买回来，但是当我们丢失了知识这类无价之宝时，我们该怎么办？

创建于 1820 年的阿拉巴马（Alabama）大学致力于成为世界著名的学习中心。在南北战争时期，该大学的图书馆是美国藏书最丰富的图书馆之一。当它被烧成平地时，只有一本书幸存下来。再说一次，人类真的太善于丢失东西了！公元前 331 年，世界上最伟大的知识库——埃及的亚历山大（Alexandria）图书馆，拥有数十万希腊卷轴，最后被遗落在历史的长河中。12 世纪，突厥人将印度拥有 700 年历史的那烂陀寺（Nalanda）夷为平地。一百年后，蒙古人摧毁了位于

---

①　译者注：印第安纳·琼斯（Indiana Jones），斯皮尔伯格执导的系列电影《夺宝奇兵》中的主人公。

巴格达的阿巴斯王朝的智慧宫(House of Wisdom)。在美洲,西班牙人销毁了玛雅古籍。失去无价的知识需要几个世纪才能重新学习,这缩短了生命,阻碍了进步。

虽然失去科学知识会使文明倒退几个世纪,但与人类身份信息的丧失相比,它相形见绌。在 21 世纪居然越来越难证明"我到底是谁",这成了最凸显的问题。与每年因身份信息被盗用而造成的远超160 亿美元的欺诈成本相比,更可怕的是,数百万人已无法证明自己是谁,来自何方或拥有什么。战争和政权更迭使全世界 6800 多万人流离失所。

当政府的记录被销毁时,就会造成土地或资产所有权的记录丢失,再也无法得到证实。今天的法院仍在努力解决"二战"中被盗财产和艺术品的所有权诉求。如今,难民人数比"二战"后还要多,无国籍人口数量呈指数级增长。当气候变化导致恒河、湄公河和尼罗河三角洲泛滥成灾时,还会有 2.35 亿人将流离失所。据联合国估计,到2050 年,全球流离失所者将达到惊人的 10 亿! 但谢天谢地,科技现在终于可以拯救人类于走投无路之中。

货物丢失、知识无法被找回和保存的数据被损坏是每个企业、国家和经济体面临的全球性问题。"智慧空间网"(Spatial Web)不仅轻而易举地解决了所有这些问题,而且提供了崭新的构想和数据,来推动信息技术的第四次变革:将数字世界和物理世界连接成一个由物体和思想组成的综合性的宇宙。崭新的"智慧空间网"所带来的影响将使现有的互联网相形见绌,并彻底改变我们的生活、工作和发展的方式。

仅仅几十年前,个人电脑通过将人类连接到智能机器上,迎来了第一次数字化变革。互联网通过将个人与所有知识来源连接起来,推动了第二次数字浪潮。移动互联通过将人们与数十亿其他人连接起来，进一步扩展了这些连接。尽管这三项技术颠覆了我们的生活方式，但它们仍然局限于在二维数字平面上发挥作用。

通过利用 5G 惊人的数据传输速度（可在 3.6 秒内下载时长 2 小时的电影），以及边缘计算的能力，人们将能够把真实世界、有用的数据和可穿戴设备（如 AR 眼镜）结合起来。再加上从上万亿个物联网传感器提供的实时数据中提炼出来的人工智能，我们的生活将从搜索知识变成根据环境预测需求。

您的智能手表可以随时监测您的生命体征，并与所有其他同龄人的生命体征进行对比，它可以在您自己都没意识到心脏病将要发作时，就指示您的自动驾驶汽车带您去医院。而您的医生也已同时获得了通知，可以提早向急诊室开出有针对性的医嘱。智慧城市可以优先考虑为您提供最能规避拥堵的行车路线，以确保最快的通行时间。您在医院接受的每一个医疗过程都将被永久记录到基于区块链的医疗档案中。"智慧空间网"在将美国医疗成本削减一半的前提下，仍能向患者提供最优的治疗和护理方案。事实上，目前美国 85％ 的医疗费用是由心脏病和糖尿病引起的，人工智能和可穿戴设备可以更好地对患者日常化地提供预判性的管理。"智慧空间网"是减少门诊次数、减少医疗检查和流程以及降低处方药需求的关键。然而医疗健康领域仅仅是"智慧空间网"诸多能力中的一个小例子。

数字供应链将与仓库和零售货架上的传感器无缝对接。当库存不足时，商店货架会向仓库下订单。即时（just-in-time）生产模式将把定制产品送达家中。维修人员可以跟随虚拟箭头在建筑物中寻找需要维修的设备。百货公司里的每个人体模特都会与您的身材尺寸相仿，并完美展现与您已购买的服饰搭配的最新时装。购房者通过虚拟技术展示的方式,可以身临其境地观察如何将现有家具布置到新家里,还可以预览由供应商提供的地毯、窗帘在房子里实际呈现的效果,这些供应商测量了每个房间和窗户的尺寸。通过对数字商品的授权,使得相应的实物商品被送达特定的地理位置,而 AI 智能合约将能够为一系列新产品和服务提供小额支付。价值数万亿美元的新公司和创新产品将改善我们的日常生活。

"智慧空间网"为改善我们的生活带来了巨大的希望,那些因为战略投资失败而无法拥抱未来的公司将走上柯达(Kodak)和百视达(Blockbuster)的老路。而与我合作的公司,如 Google、Amazon、Facebook 和 Apple,已经投入了数十亿美元来研发使用智慧空间网所需的工具和平台。这将取决于不同的企业家们是否愿意致力于在下一代智慧空间网上开发全新的应用程序(App)和服务,以赋能未来。本书作者加布里埃尔·雷内(Gabriel Rene)和丹·马普斯(Dan Mapes)是这场开拓性冒险的刘易斯和克拉克①。当您阅读这本书的时候,您已经拥有了他们提供给您用于探索未来的地图。

杰伊·萨米特(Jay Samit)
德勤(Deloitte)公司前独立副总裁,《打扰您!》②一书的作者

---

① 译者注:1804—1806 年,美国总统杰弗逊发起首次横越美洲大陆西抵太平洋沿岸的往返考察活动。领队为美国陆军的梅里韦瑟·刘易斯(Meriwether Lewis)上尉和威廉·克拉克(William Clark)少尉,因此该考察活动被称为刘易斯与克拉克远征。
② 译者注:该书出版于 2015 年,主要叙述人们处在各类创新层出不穷的时代,应该如何抓住机遇,实现变革,茁壮成长。

前　言

从平面场到空间场

　　1884 年,英国的一位校长埃德温·阿博特(Edwin A. Abbott)写了一部中篇讽刺小说,描写在一个虚构的二维世界"平面场"(Flatland)中,一位二维生物"方片"遇到了一位来自三维世界"空间场"(Spaceland)的三维生物"球球"的奇遇。这个著名的故事被后人反复传唱了一个多世纪,卡尔·萨根①通过《宇宙》系列巨著,把"平面场"重新引入了流行文化。在故事中,按照萨根的说法,平面场上的居民有宽度和长度,但没有高度。有的是正方形,有的是三角形,有的形状更复杂。他们匆匆忙忙地进出他们的平面楼,忙于他们的平面生意和平面生计。他们熟悉前后左右的方向,但对上下没有概念。现在想象一下平面场上的居民。如果有人建议他们想象另一个维度,他们会回答说:"您在说什么? 只有两个维度呀! 指向第三维度? 它在哪里?"对他们来说,有关其他维度的建议是荒谬无比的。

　　正如萨根所说,有一天,一个三维生物"球球"来到了平面场上,

---

　　①　译者注:卡尔·萨根(Carl Sagan),美国天文学家、天体物理学家、宇宙学家、科幻作家,也是美国行星学会的创立者。

在上空盘旋了一会儿,终于观察到那位特别吸引人的、看起来很投缘的二维生物"方片"进入了他的平面房子。"球球"决定以一种跨维度的友好姿态来问声好,"您好吗?"这个来自第三维度的访客问候道,"我是第三维度的访客。"

这位可怜的"方片"环顾着他封闭的房子,却看不到任何人。更糟糕的是,在他看来,从上方传来的问候,是从他自己扁平的身体发出的,一种来自内心的声音。这真的有点令他精神错乱,也许,他会勇敢地提醒自己,在家里四处找找。"球球"非常讨厌这种心理失常的状况,为了让"方片"能够看清真相,"球球"下降到平面场上。

现在,这个三维生物只能存在于平面上,只有一个横截面能被看到。"球球"在平面场移动,首先是一个点,然后变成一个越来越大的圆形。"方片"看到了一个点出现在他的二维世界里,在一个封闭的房间里,这个点慢慢成长为一个越来越大的圆形。天呐,不知从哪里居然冒出了这么一种形状奇特、变化多端的生物。

"球球"对"方片"的木讷迟钝深感不满,他干脆撞击"方片",把他送上了半空,飘动着、旋转着进入了那个神秘的第三维度。起初,"方片"实在无法理解正在发生的事情,这完全超出了他的经验范围。但最终,他意识到,他是从一个特殊的角度看平面场:"上面"。他能看见封闭的房间,他能看到他那些平面的同伴。他正以一种独特而令他震惊的视角看待他的宇宙。这个穿越另一个维度的旅行给他带来了一个收获:一种 X 射线般的视觉。

最后,"方片"像一片落叶,慢慢地落到地面。在他的平面同伴看来,他莫名其妙地从一个封闭的房间里消失了,然后又不知从哪里痛苦地出现了。他们说:"您怎么了?""我想"他发现自己在回答,"我飘起来了。"

"球球"赋予了"方片"跨维度思考的能力 —— 让我们知道,我们不必局限于二维。正如萨根所说,我们可以想象更高的维度。

在人类历史发展长河中,本书将充当类似"球球"的角色,从第三维度和更高维度呈现思想和形式,并将其转化和翻译成平面场的语言。如能得偿所愿,这将不仅能成功地表达或解释一种新的体验世界的方式,而且能在头脑中激发出一种更加微妙和多维的愿景,让我们在未来以全新的方式体验现实。与"球球"一样,我们希望提供一个全新的视角,让您的思维脱离平面场,自由翱翔,为我们的网络、我们的世界、我们的交互和我们的现实添加新的维度。

欢迎来到空间场。

加布里埃尔·雷内(Gabriel Rene)

丹·马普斯(Dan Mapes)

目 录

目　录

序　幕

温故而知新。

——孔子

Study the past if you would define the future.

——Confucius

1962 年，美国国防部高级研究计划局（Advanced Research Projects Agency，ARPA）的第一任信息主管利克利德（Licklider）对未来有着非凡的憧憬：那将是一种新型的去中心化全球计算机网络。利克利德认为，这一新网络将使来自世界任何地方的普通人都能够使用自己家里的计算机搜索数字图书馆、共同交流、共享媒介、参与文化活动、观看体育和娱乐活动、购买各种各样的物品。他将其描述为**"向所有人开放的电子网络，是政府、机构、公司和个人进行信息交互的主要和基本媒介。"**他称之为"星际计算机网络"。

1969 年，全世界被笼罩在冷战带来的核恐惧中。利克利德设想建立一种新的网络，避免"单次攻击"对当时美国集中的电信网络造成致命打击。他的设想的第一阶段得到资助，于是"阿帕网"（ARPANET）诞生了。ARPANET 通过一项称为"分组交换"的新发明实现了这一目标，该发明允许分组数据在发送方和接收方之间寻找最佳路由，从而在去中心化的计算机（节点）之间以数据"分组"的形式进行传递。这样，即使网络中的一个或多个节点受到攻击、破坏，甚至被摧毁，消息依然能够到达其最终目的地。随着 ARPANET 的发展，诞生了传输控制协议/网际协议（TCP/IP）。随着越来越多的节点加入，更分散、更安全、价值更高的互联网络——"因特网"（Internet）诞生了。

Internet 的节点最初被专门定义为"计算机"，更具体地说是计算机服务器。每个节点都有自己的 ID，称为网际协议地址（IP 地址）。然而，Internet 已经从 1969 年的 4 个节点[①]开始急剧增长，经历了 Web 1.0 时代（个人电脑上的只读网站）和 Web 2.0 时代（智能手机

---

① 译者注：分布在美国加州大学洛杉矶分校（UCLA）、加州大学圣巴巴拉分校（UCSB）、斯坦福大学研究院（SRI）和犹他大学（UTAH）的 4 台大型计算机。

上的社交媒体)的发展,有望很快在全球范围内超过 500 亿个节点。这些节点已经包括我们的笔记本电脑、智能手机、手表、家用电器、无人机、车辆和机器人,将来甚至包括我们自己。

今天,随着世界进入 Web 3.0 时代,互联网的力量及其去中心化的设计理念将继续延伸到我们生活的方方面面。未来十年,我们将在物联网(IoT)上增加一万亿个新的传感器、信标和设备,包括新型的可穿戴设备和可植入生物设备。这个过程将一直持续下去,直到我们用计算机将物理世界中的任何人、地、物以及无数的虚拟对象和空间连接起来。哪怕现在还不是那么明显,但 Web 3.0 时代注定是一个万物互联的时代。

然而,随着互联网从 Web 1.0 过渡到 Web 2.0,我们渐渐丢失了它最初以去中心化为核心的设计原则。某种程序上,由于 Web 架构固有的缺陷,使得政府和互联网巨头将互联网个体的数据集中监管起来,并从中获利。在我们向 Web 3.0 过渡的过程中,我们有机会解决这些问题,回归去中心化的初心——创建一个全球共享的电子网络,对所有人开放。这就是智慧空间网。

引　言

我们的世界正在进行数字化转型，并跨入 Web 3.0 时代，我们面临着一些非同寻常的选择，其中蕴含着严肃而广泛的含义。人类的技术，无论是第一次使用火还是未来的面部识别，在本质上是中性的。各类技术的出现会掩盖它们先天的潜能：放大人类最好和最坏的欲望。就像普罗米修斯从众神那里盗取火种来给人类取暖并照亮人类文明的故事一样，我们必须永远记住，用来烹调食物的火也很容易烧毁我们的家园。

本书介绍的 21 世纪的技术同样也具有火的两面性，其能量和规模之大在以前是难以想象的。正因为如此，作为万物之灵长，我们必须仔细考虑如何正确使用它们，我们所做的选择将从根本上影响几十亿人的生活，并为未来几十年或几百年奠定基础。我们的选择不仅会确定网络和世界的疆界，而且会影响我们对人类、对文明甚至对现实本身的定义。我们必须明智地选择。

智慧城市和智慧工厂、自动驾驶汽车和智能家居、智慧家电和虚拟现实世界、自动购物和数字化个人医疗的出现正在改变我们的生活、娱乐、工作、旅行和购物方式。在整个地球上，我们的技术正从幕后迅猛地进入我们周围的物理世界。同时，世界上的人、地、物正在被数字化并带入虚拟世界，成为数字领域的一部分。我们正在将物理"数字化"并将数字"物理化",真实与虚拟之间的清晰界限正在消失。在不远的将来,我们在 20 世纪的科幻小说中所看到的技术都将实现。回首过去的一个世纪,我们应该把科幻小说看作是被我们忽略的预言性的悲剧,还是我们已经注意到的警示性的故事?

在全球领先的研究机构所罗列的各类"2019 年顶尖技术"榜单中,有一种反复出现的现象。过去十年来,最大的科技公司们在人工智能、增强现实和虚拟现实、物联网(包括智能汽车、无人机、机器人和生物识别可穿戴设备)以及区块链、加密货币、5G 网络、3D 打印、合成生物学、边缘计算、网格计算和雾计算等领域进行了投资和收购,这些正被编织进我们全球文明的结构之中,在我们脚下,在我们头顶,在我们周围。

这些在 21 世纪逐渐成熟的技术,通常被称为"指数型"技术。它们符合摩尔定律:即当价格不变时,大约每隔 18 个月,芯片上的晶体管数目会提升一倍,其性能也将提升一倍。这是计算机技术的一个

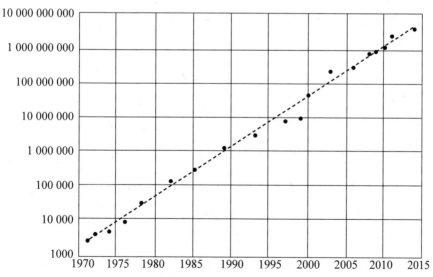

摩尔定律(每个微处理器的晶体管数目),1970—2015 年

共同效应,由英特尔(Intel)公司的联合创始人戈登·摩尔(Gordon Moore)提出,因此称为"摩尔定律"(Moore's Law)。

摩尔定律是关于计算能力的定律,也是一个经常被引用的计算定律。

罗伯特·梅特卡夫(Robert Metcalfe)是 3Com 的创始人,也是以太网的创始人之一。梅特卡夫定律(Metcalfe's Law)指出,一个网络的总价值取决于连接到该网络的其他用户的数量。哪怕服务的功能和价格保持不变,单个用户通过网络可以接触到的用户越多,网络就越有价值。所以梅特卡夫定律与网络的规模有着强关联性。

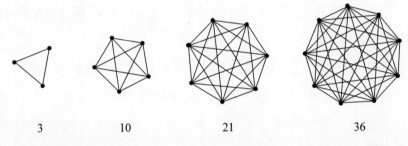

3   10   21   36

虽然并非所有的用户或节点在各类网络中的价值都是相等的,根据 NfX 集团最近的一项名为"70%的技术价值是由网络效应驱动"的研究结果显示,在过去的 25 年中,科技领域创造的价值约 70% 是由那些充分利用"网络效应"的公司所带来的。

我们看到,在 Web 2.0 时代,那些技术公司和初创企业之所以在市值、利润率和用户数量方面成为世界上最大的公司,关键是因为它们是摩尔定律(在供给侧,性能不断提升、成本同步降低)和梅特卡夫定律(在需求侧,网络价值基于规模倍增)的绝佳实证。

例如,在更快的网络上使用更高级的智能手机可以实现更多的参与、内容消费和内容共享,从而吸引其他用户参与。这一直是 Web

2.0 时代的制胜法宝,推动互联网用户数量从 2005 年的 10 亿增长到 2019 年的近 40 亿。有 39 亿人使用手机上网,其中 25 亿人使用智能手机;有 34 亿人使用社交网络,其中 32 亿人使用手机连接社交网络。看到趋势了吗? 更好的硬件,更快的网络,更多的用户。

　　　　指数级计算能力＋指数级网络连接＝指数级价值

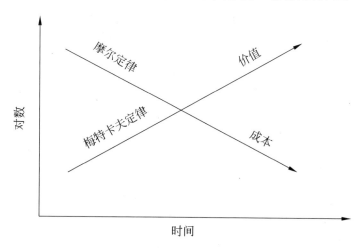

随着计算能力的提高、成本的降低,计算机的尺寸已经从房间大小缩小到台式机、笔记本电脑、掌上电脑,而我们的计算机网络却从房间范围扩大到公司范围、国家范围,乃至全球范围。

简单地说,摩尔定律使计算速度更快、成本更低,而梅特卡夫定律使网络的规模变大、价值增长。

将汽车、城市和人类等复杂事物"计算机化"[①],在技术和经济上很快就会变得有价值,但最终,我们也将会把越来越小的事物"计算机化",如珠宝、衣服、纽扣,甚至我们的细胞。

由于可以像现在的互联网一样,通过将许多网络合并成一个网络,以最大限度地积累价值,因此这个包含人、地、物、规则和价值的新

---

① 　译者注:计算机化,这里是指用计算机技术来处理。

型网络,将因为它赋予了计算机化和连接一切的能力,而在 Web 3.0
时代使得万物互联。

这是所有计算技术和所有网络的伟大"融合"。这种融合在能量、范围和规模上都是前所未有的。我们必须问自己:当我们将物理、数字和生物领域整合在一起时会发生什么?

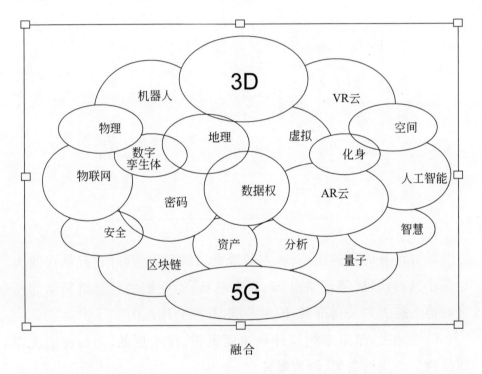

融合

这种融合是否会让我们陷入未来的反乌托邦①噩梦中——我们被困在一个模拟现实中,一个孤立和中心化的网络中,在那里我们不断受到暗中活动的黑暗势力的监视,同时我们的数据也像自然资源一样被挖掘? 在 Web 3.0 中,我们是否会从社交网络转移到影子网络?

---

① 译者注:反乌托邦(Dystopia),是指对人类科技的泛滥,在表面上提高人类的生活水平,但本质上掩饰着虚弱空洞的精神世界的担忧。

如果以史为鉴,那么这还真有可能发生,这恰恰是我们应该不惜一切代价来避免的。我们可以做到,因为幸运的是"融合"确实给了我们这样的机会,让我们同样利用这些技术来实现惊人的好处,甚至解决一些文明的最大挑战;将我们从预测的黑暗和日益黯淡的预测转向光明和更美好的未来。这样的未来可以积极地改变我们生活的方方面面,即我们如何工作、学习、娱乐、庆祝和享受生活。它可以给我们创造繁荣的全球经济、欣欣向荣的地球生态以及健康、先进的文明的手段。在新的网络协议的推动下,这种融合可能导致创建一个新的网络,将物理场所与虚拟场所连接起来。它可以实现一个开放的、可互通的新一代 Web(Web 3.0 时代),在确保人、机器和虚拟经济体之间安全可信的交互和交易的同时,保护个人隐私和财产权。这个未来确实给网络增加了一个新的维度,它便是智慧空间网。

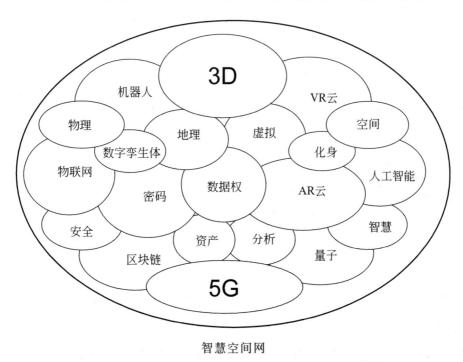

智慧空间网

　　智慧空间网将我们未来世界的所有数字链和物理链编织成一个新的宇宙结构,下一代计算技术在这里产生一个统一的现实——我们的数字和物理生活将成为一个整体。这是一种新的网络,不仅是一种互联的计算机,像原来的因特网,或是像万维网(一个由互联的网页、文本和媒介组成的网络),而是一个由人、地、物之间的互联、虚拟对应物之间的互联以及交互、交易和传输组成的"活生生的网络"。就像之前的万维网一样,这个新的空间网需要新的代码才能焕发生机,不仅是软件代码,还有批判的、道德和社会的代码。

　　今天,我们无法有效地分享知识,因为我们无法在大脑之间直接分享我们的心理模型(Mental Models)和世界地图。我们无法在彼此之间复制/粘贴各自的想法和概念,更无法创建、编辑或通过人工智能或物联网设备来共享它们。

　　人类的思维构建了一个现实的三维心理模型,而这个模型在今天依然不能与他人直接共享。传统上,我们在空间上进行思考和推理,但我们又不得不依靠语言、文字和二维或三维图形的视觉表现来向他人传达我们空间思维上的信息和场景。对空间物体的捕捉、传输和解释行为就好比一个个人虚拟现实(Virtual Reality,VR),可是为了共享,又必须将其翻译成文字、文本或图片。我们被迫使用二维媒介来降级我们内心的三维模型。在这一过程中,无论是精确度、细微差别,还是背景内容,我们都丢失了很多。

　　但是,如果我们拥有与机器和人工智能协作的技术,直接群体性地共享我们的经验、知识的三维模型和地图呢? 我们可以分享一种多维的公共增强现实:一种数字媒介的共识现实,而不是将这些经验和知识锁在我们的个人虚拟现实中,这将是一个多么令人兴奋的想法! 使用区块链这类分布式账本技术,使我们能够可靠地验证关于这个世界的数据的真实性,同时使我们能够自由地合作探索、编辑、糅合和混合^①现实。这些技术可以帮助我们确认真实与"映射"之间的区别,即真实有效与创造性表达之间的区别,为我们提供一个增强的智能现实(AR)。

智慧空间网的力量最初源于它使用了几何学语言这种在全世界通用的语言来描述世界。所以智慧空间网让我们可以使用一种数字媒介形式的通用语言,其中所有信息都可以成为空间立体化的信息。它使网络上的当前信息能够在空间中根据内容的语境放置在不同的对象和位置上,我们可以用最自然、最直观的方式与信息交互,只需看、说、做手势,甚至思考。但随着传感器和机器人技术嵌入我们的环境和我们周围的物体中,网络也变得更加物理化。它通过为我们遇到的任何人、地、物添加智能和场景,使得我们的世界变得更加智能,并且通过去中心化和分布式的数据计算和存储,使我们彼此之间的关系以及这个新网络变得更可信、更安全和更快速。它将使我们

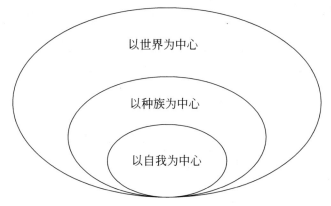

以自我、种族和世界为中心

---

①　译者注:4 个动词分别是 explore(探索)、edit(编辑)、mashup(糅合)、remix(混合),其中的 mashup 的意思是基于 API 接口,将多个数据库的 Web 应用加在一起,形成一个整合应用。

能够加速、改善、扩展和增强我们生存的方方面面,包括教育、创造力、健康、商业、法律制度、政治和生态等。智慧空间网有潜力将我们从主要以自我为中心和以种族为中心的视角转变为更加全面、公平和包容的以世界为中心的视角。

尽管新的智慧空间网带来了希望,但今天我们仍然在使用几十年前发明的网络技术,而这些技术在物理世界中使用本身就有明显的局限性。今天的 Web 协议是为在计算机上互联页面而设计的,而不是为现实世界中的人、地、物而设计的。这些协议是为信息共享而设计的,而不是用于管理和协调人类、机器和人工智能的活动,或参与实时的全球贸易和商业活动。

Web 1.0 由个人电脑上的静态文档和只读数据组成。Web 2.0 在多点触控智能手机上引入了用户生成的多媒体内容、交互式 Web 应用程序和社交媒体。Web 3.0 标志着 AR 和 VR 耳机、智能眼镜、可穿戴设备和传感器的兴起。这些使得智慧空间网能够将我们的信息、想法和想象映射到周围的世界,将它们编织到每一个以自我为中心的对话中,在我们的城市,我们工作、学习和生活的地方展示出来。随着信息直观化、人工智能辅助交互、加密技术下的信息安全和数字

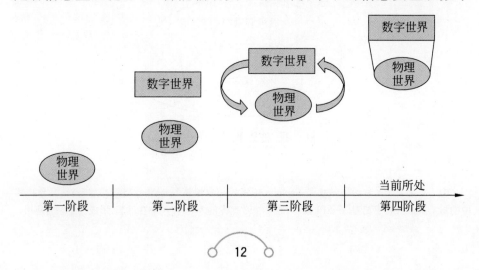

支付的出现,一种新型的网络正在兴起。这个网络将会成为一个完整的世界。

在 Web 3.0 中,我们要创建的不只是一个简单的"数字孪生体"(Digital Twin)或是我们的世界和其中所有事物的软拷贝,而是要创建一个所有事物的"智能数字孪生体",它有自己唯一的 ID、交互规则和可验证的历史,能够在空间上与物理孪生体链接和同步。就像维基百科中的条目一样,使整个世界都可以被搜索,允许任何对象、个人、过程和系统进行更新、量化、优化和共享(如果您有适当的权限这样做)。其应用是无止境的,其积极和消极的含义几乎无法形容。然而,重要的是我们一开始就要正确地规范它们;更准确地说,如果我们要从它好的一面中获益,并避免它坏的一面的陷阱,我们必须首先正确地定义它。

许多行业领袖已经为物理世界的数字孪生体提出了各种 AR 或以 AR 为中心的名字。AR 世博会(Augmented World Expo.)的创始人 Ori Inbar 提出了"AR 云"这个术语——一种数支持客观环境的数字点云或网格状框架,它允许我们持续地将全息图投射到现实世界,从而让多方都能体验到。Magic Leap 已经提出了 Magicverse 这个术语,这是一个更有趣的全球数字孪生体的版本,它激发了人们的幻想。而在 2019 年初,《连线》(Wired)杂志的知名未来学家凯文·凯利(Kevin Kelly)撰写了名为《镜子世界》(Mirrorworld)的专栏文章,尝试物联网和其他技术的更广泛融合,但没有描述这些技术如何协同工作。不管您的首选项是什么,它们都是在几乎不可能的情况下进行的有意义的尝试,试图描述一个不可避免的未来世界。在这个世界里,数字和物理将融合在一起,正如著名的福布斯作家和工业扩展现实技术(XR)的老兵 Charlie Fink 所说的那样,"世界将被数字描绘"。

这里的每一个术语都缺少一个清晰的关于 AR(Augmented Reality,增强现实)的视野。这对全球数字孪生体将如何与物联网、人工智能和区块链结合,成为一对智能孪生体? AR 将如何跨各种设备、操作系统和场景工作?它将如何与像 VR 这样的其他现实技术一起工作? VR 是很接近 AR 的现实技术,未来消费者对采用 VR 技术的需求量变化比 AR 更慢一些(根据采用曲线①的预测)。VR 将发挥其指数作用——一个三维 VR 互联网,它包含了所有相连的虚拟空间、游戏和世界,在尼尔·斯蒂芬森(Neil Stephenson)开创性的科幻小说《雪崩》(*Snow Crash*)中被经典地称为"元界"(Metaverse),在欧内斯特·克莱恩(Ernest Cline)的《头号玩家》(*Ready Player One*)中被称为"绿洲"(the Oasis)。无论是使用"虚拟物的物联网"(Internet of Non-things)或者简单地称之为"VR 云",我们不能随意地将其从"融合"中省略,将其排除在 AR 之外的空间计算领域的一角,这就是为什么需要一个更全面的术语,它囊括了 Web 3.0 时代的所有技术,甚至为用户和数字对象提供了在 AR 和 VR 空间之间无缝移动的能力。

鉴于融合技术的历史重要性和指数级力量,需要有一个全面的愿景来描述这些技术将如何与我们的人类核心价值观最好地结合起来,如果不这样做,又会有什么影响?零星的描述和以行业为中心的叙述并不能展示全面的优势,在一个强大的信息技术即将真正包围我们的时代,我们必须考虑如何最好地就隐私、安全、协作性和信任等问题做出至关重要的决定。

---

① 译者注:Adoption Curve(采用曲线),更常见的提法是 Consumer Adoption Curve(消费者采用曲线),它显示未来消费者对采用 VR 技术的需求量的变化。

如果我们现在还不能做出正确的社会决定，就像我们正在为21世纪搭建数字基础架构一样，在未来，一个反面的"黑镜"①版本真有可能会成为我们每天的现实。一种技术"陷阱"可能会出现，在这种情况下，功能失调和/或专有技术将永久嵌入我们全球系统的基础架构中，使我们无力改变它们的发展方向或迅猛的速度。Web 3.0继续向中心集权和孤立平台发展，不仅会对创新产生严重影响，还会对我们的言论自由、思想自由和基本人权产生令人生畏的影响。这应该足以迫使我们采取深思熟虑但积极进取的行动，不惜一切代价防止这种"陷阱"的出现。

值得庆幸的是，Web 3.0也有一个"白镜"版本，在我们的科幻小说中，这个美好的未来并没有得到很好的描述。它使我们自觉地、有意识地利用融合的力量，并使之与人类这一物种的集体目标、价值观和最大抱负一致。在"白镜"版本中，我们有机会利用这些技术帮助我们更有效地合作，改善我们的生态、经济和治理模式，让世界比我们进入时更美好。

2019年第一季度，发生了一件史无前例但鲜为人知的事件。超过10亿部新智能手机的屏幕成为进入现实世界的窗口，因为苹果（iOS）和安卓（Android）操作系统中都添加了AR软件。这使得智能手机能够在空间显示3D场景信息和3D交互对象。苹果、微软、谷歌、三星、Facebook、Magic Leap、百度、腾讯等公司已经投资数十亿美元，研发出新一代智能眼镜和耳机，用于AR和VR，旨在初步补充并最终取代我们的智能手机。此外，数十亿个摄像头和3D深度传感器很快将被部署到我们现有的智能手机中以及数十亿无人机、机器人、

---

　　①　译者注：《黑镜》是英国电视4台及美国Netflix公司出品的迷你电视剧，以多个建构于现代科技背景下的独立故事，表达了现代科技对人性的利用、重构与破坏。

汽车和街头巷角,将使它们在空间上都能感知,能够 3D 映射它们的环境,并将其视作智慧空间网的窗口。这些数字设备将使我们能够完全复制或数字孪生化我们的生活。在未来的十年里,随着我们完成这一转变,空间技术将成为领先的接口,不仅是我们各种数字活动的接口,也是我们物理活动的接口。

接下来将阐述智慧空间网的需求,以及新的软件协议将如何对接这些"融合"技术并使其成为现实。它们进一步概括了对我们个人和社会的应用和意义。作为作者,我们希望本书成为一本入门书,让您了解每一项强大的技术,并为未来规划一个美好的愿景,激励并邀请您——亲爱的读者,参与开发一个更加开放和自由的新网络……富有远见的前人建立了最早的互联网和网络基础架构,让我们站立在他们的肩膀上,建立一个新网络,一个新的通用数字基础架构,更好地将我们的技术力量与人类价值观结合起来。

物联网

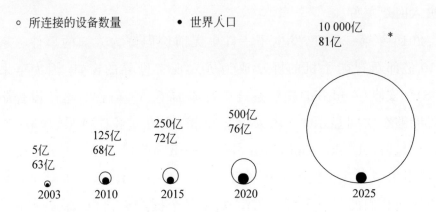

○ 所连接的设备数量　● 世界人口

10 000亿
81亿　　*

500亿
76亿

250亿
72亿

125亿
68亿

5亿
63亿

2003　2010　2015　2020　　2025

* 数据来自惠普公司基于不同方法的预测

来源: 思科公司互联网商务解决方案集团

引　言

　　VERSES 基金会是一个非营利组织,致力于跨新兴技术的自由和开放标准。我们的组织,在一群杰出的先驱思想家的投入下,已经为 21 世纪的通用数字基础架构构建了理论和技术框架。Web 3.0 这一宏伟愿景,需要我们所有人去提倡、发展、迭代和实现。

　　欢迎来到智慧空间网。

智慧空间网

这个神奇的未来被称为智慧空间网，它将改变我们生活的方方面面。

——彼得·戴曼迪斯[①]

This magical future ahead is called the Spatial Web and

will transform every aspect of our lives.

—— Peter Diamandis

万维网

网站链接在一起

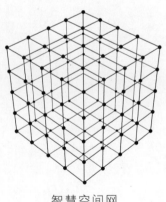

智慧空间网

人、地、物连接在一起

[①] 译者注：彼得·戴曼迪斯（Peter Diamandis），全球商业太空探索的领军人，Xprize 大奖赛的创始人，在谷歌与美国国家航空航天局合办的奇点大学担任执行主席。

智慧空间网的梦想

那些科幻电影、电视节目、书籍和游戏在想象未来景象时，描绘了这样一个世界：先进技术将用户投射到奇妙的沉浸式互动体验中，并允许他们通过用户界面参与全息内容和角色互动，神奇地将虚拟世界和物理世界结合起来。《银翼杀手》《黑客帝国》《星球大战》《阿凡达》《星际迷航》《头号玩家》《复仇者联盟》等电影向我们展示了未来世界：全息图、智能机器人、智能设备、虚拟化身、数字交易、宇宙级的瞬间移动能力在一种统一的现实中完美融合，以某种方式将虚拟和物理，以及机械和生物无缝地结合在一起。科幻小说很好地描绘了一个数字与物理自然融合为一体的未来愿景，覆盖任何人、任何地方。然而，这些有远见的虚构作品中并没有准确地描述如何实现这些愿景。

于是它启发了我们许多人去问这样一个问题：我们如何使科学幻想变成科学事实？

我们居住在两个不同的世界。一个是物理世界，由空间、时间、物质和物理定律支配。这是我们吃饭、呼吸、生活和工作的世界，在这个物理世界里，食物、水和住所是生活所需的基本条件。

另一个是数字世界，它不受空间、时间、物质或物理定律的支配。这个世界是我们内在状态的画布，在这里我们捕捉并与他人分享我们的思想、感情、想法、信息和想象。它就像一面镜子，我们投射出个人和集体的内在状态，即使它将这些投射又反射给我们。这些世界依然是彼此分开的，被塑料或玻璃隔开。尽管它们之间有着千丝万缕的信息联系，但它们在功能上仍然是分离的，无法调和它们对空间、时间和物理/非物理定律的不同、不和谐的观点。当我们的物理现实和数字现实碰撞时,对人类和未来的影响仍然是未知的。

这种新的混合现实有可能最终会迫使我们改写对现实的定义,因为它变得就像 20 世纪的纸质媒介和数字媒介(Web 2.0 时代)一样,可合作、可延展和可编辑。考虑到这种可能性,作为万物之灵长,我们将如何确保我们能够保持必要的信任、安全、隐私和互通性,进而从这个新的现实中获得最大的希望,同时避免其在 Web 3.0 时代最具威胁性的陷阱?

让我们从准确定义术语 Web 3.0 开始。

定义 Web 3.0

Web 3.0 的早期定义主要将其定义为语义网[①]。语义网提出了这样一种观点：我们在网上阅读的文本是有其语境的，单词或句子的预期含义可以变得明确，因此是"语义的"。将单词的场景含义编码到网页上的文本中，将使文本和最终的网络都变得"智能"。例如，智能网络会知道，在一个主要讨论如何更好地在室内种植健康的植物和蔬菜的网站上，"温室"一词特指种有植物的玻璃建筑，而不是涂成绿色的房子。当然，这是一个好主意，但遗憾的是，要在万维网上反向设计一个强大的新智能层实在太难了。

抛开技术层面的细节问题，如果语义网这一愿景的缺点不在于雄心勃勃的规模，而是在于其有限的关注范围，那又会怎样呢？在 Web 3.0 中，可以变得智能、场景化，因此"语义"的领域将不限于文本，而是扩展到物理世界本身，在物理世界中，空间对象、环境和交互占主导地位。Web 3.0 将是一个语义网，但并不是因为我们在文本中嵌入了智能。它之所以是语义的，是因为我们会将三维空间智能嵌入一切事物中。

囿于以行业为中心的"短视"，Web 3.0 的许多现代定义也缺乏整体性的思考。例如，Web 3.0 将不仅局限于加密货币驱动的点对点"价值互联网"，正如许多区块链忠实拥趸所宣称的那样，也不局限于人工智能界所建议的由（希望是）善意的人工智能网络驱动的"智

---

① 译者注：语义网（Sematic Web）是关于未来网络的一个设想，它将是一种智能网络，不但能够理解词语和概念，而且还能够理解它们之间的逻辑关系，可以使交流变得更有效率和价值。

能互联网"。它将不仅是"工业 4.0"所倡导的万亿设备"物联网"或"我的互联网",在这里,各种可穿戴设备和可摄取设备将能够追踪每一个脉搏,定制每一顿饭,优化每一步、情感状态,最终甚至思想。它甚至不会是预言已久的互联世界的三维互联网、VR"元界"或 VR 云或其他更新的概念,如 AR 云及其空间计算所笃信的"场所互联网"。不! 在下一个 Web 时代,Web 3.0 将包含所有这些定义,而不仅限于这些定义中的任何一个。在 Web 3.0 中,所有这些都可以"连接"进万物物联网。

空间化的萌芽

智慧空间网中的"空间"一词指的是我们未来的接口如何使一个扩展到屏幕之外的网络能够集成和嵌入空间内容和交互,并通过分布式计算、去中心化数据、无处不在的智能,以及基于外界环境的持续的边缘计算来促进。每一种技术趋势都从根本上将计算能力进一步扩展到我们周围的空间,为世界带来新的体验、连接、信任和智能维度。我们把这种宏计算趋势称为空间化。

智慧空间网的即将到来,可以从那些初创"独角兽"先驱们身上预见,如 Uber、Airbnb、Snap、Niantic、Postmates 和 TaskRabbit,其中许多公司的估值迅速升至 10 亿美元以上。这些初创公司的成功归功于智能手机的硬件增强,特别是 GPS 赋予的基于位置的功能、陀螺仪和加速度计的位置和方向能力,以及摄像机技术的小型化。这些技术带来了大量的用户和数十亿美元的价值,因为它们挖掘出了一个关键趋势的价值——空间化,没有它,它们甚至不可能存在。

例如,Uber 出租了一个空间,将您从一个位置运输到另一个位置。Airbnb 出租了一个空间,您到了那里就可以住进去。

Lens Studio 和 Tik Tok、YouCam [①]等产品是一系列基于智能相机的新产品,这些产品通过添加皇冠、触角、自适应面部特征或细致的化妆程序,来改变、变形、增强或变化面部特征。常见的方式包括

① 译者注:Lens Studio 是 Snap 推出的创建交互式虚拟三维形象的应用程序,可以在照片或视频中感受 AR 体验;Tik Tok 是抖音短视频的国际版;YouCam 是一款为摄像头增加特效的软件。

在头上叠加造型,以及添加背景和周边环境。Niantic 的 Pokemon Go[①] 在全球范围内展开寻找特定动漫角色的寻宝活动,这些角色被巧妙地放置在全球各地。数十亿人走出家门,在城镇、公园、购物中心和街道上追逐虚拟人物。您可以通过 Postmates 将食物送到您的住处,或者通过 TaskRabbit[②] 雇人在您的公寓里安装一个大屏幕,这种能力是基于导航引导他们往返于不同地点的技术——空间中而不是屏幕上的一个特定点。

它是空间任务的位置化和商业化,为智慧空间网奠定了基础。

---

① 译者注:Pokemon Go,中译名为《精灵宝可梦 Go》,是由 Nintendo(任天堂)、The Pokemon Company(口袋妖怪公司)和谷歌 Niantic Labs 公司联合制作开发的一款手机游戏,玩家可以通过智能手机在现实世界里发现精灵,进行抓捕和战斗。

② 译者注:TaskRabbit 是一个任务发布和认领形式的社区网站,任务发布者 (TaskPosters)通过这个平台获得任务兔子(TaskRabbits)的帮助,而任务兔子在完成领取的任务后可以获得一定的报酬。

数字化的演变

数字化是将我们周围的模拟世界转换成由"0"和"1"组成的二进制代码的过程,这样我们的计算机就可以读取、存储、处理这些信息,并通过数字网络进行传输。从根本上来看,无论转换成的媒介是什么,数字化都改变并扩展了它们的生产、存储和分配。人类首先从空间上学习,然后从符号上学习,而计算机系统则以相反的顺序"学习"或"处理"。

计算机最初能够将符号数字化,目前正在实现数字化的空间认知,这种向空间化的驱动经历了几个阶段。例如,计算机首先获得了数字化数据的能力,这导致了数学计算的进步,在数据存储、统计分析和破译密码等方面为我们提供帮助。在数字化的这一阶段,基本上把计算机当作"数学处理器"。

接下来,计算机能够将文本数字化,"文字处理器"诞生了。它让我们可以动态地编辑、保存和共享文本。数字文字推动了新的编程语言、桌面出版和电子邮件的诞生。文字的数字化也导致了"超文本"的产生,从而催生了万维网和 Web 1.0。

然后是媒介的数字化。智能手机的强大功能使数字媒介以令人难以置信的规模和速度被捕获和共享。Web 2.0 是建立在数字媒介创造和消费的基础上的,其背后是 Web 的强大网络效应,加速了智能手机的普及。智能手机成为网络上最高效、最有用的"媒介处理器"。

利用三维建模和动画工具,我们最近已经从生活的各个方面将

"事物"数字化,涉及许多不同的行业,包括电视和电影、视频游戏、市场营销、广告、AR 和 VR,也包括我们所有的现代产品和工业设计,建筑设计、土木工程和城市规划。

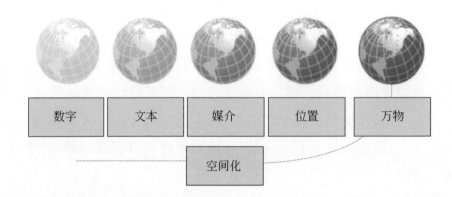

如今,可以通过安装在智能手机、无人机和汽车上的新一代深度传感计算机视觉摄像头,直接扫描现实世界中的物体及其位置来制作三维模型。这些相机能够扫描和构建产品、物体、人、建筑物甚至整个城市的三维模型和地图。连接的设备能够描绘和跟踪我们的脸、体能状况、运动、情绪和健康。智能传感器正被嵌入制造业和工业设备中,以跟踪和监控速度、压力、温度,等等。

我们已经从文本、媒介和页面的数字化发展到人、地、物的数字化,不仅仅是符号和媒介的数字化,还有我们物理现实的对象和活动的数字化。为了强调我们所作的比喻:"计算机即处理器",计算机在这个数字转换阶段变成了"现实处理器"。

从根本上说,数字化使它在每个阶段所转变的媒介的生产、储存和分配大众化。回顾我们的计算机处理器在数字化文字和媒介方面所产生的影响;现在想象一下,当我们将其应用于世界上的每一个物体、人、地点和活动时,所能产生的影响。

尽管空间化的力量已经让人吃惊,但在计算机联网时,才能真正显现其巨大的威力。然而,过去我们用来链接万维网符号领域的文字和页面的通信协议,对于智慧空间网的数字化增强的物理现实来说,是不够用的。因为在描述现实时,它们基于完全不同的信息模型。

一种新的世界模式

让我们探讨一下差异。几千年来,我们"塑造"世界的方式,我们分享世界的方式,我们透视世界的镜头,随着时间的推移,都没有从根本上改变过。人类文明用来共享信息的方式主要是通过"页面的文字"——书籍。

随着时间的推移,"页面"已经进化了很多,变得更轻,更容易携带。起初是石板或泥板,后来变成纸莎草卷轴,然后被捆绑在一起成为手抄本。后来它们被羊皮纸(动物皮制成)所取代,羊皮纸更像是书页,最终导致了现代纸质装订书的诞生。

印刷机通常被认为是人类在火之后最伟大的发明,使出版业得以大规模发展。这种新的"机器"推广了使用机械压力机复制东西的方法,最终可以使用塑料、聚合物甚至金属来"印刷"我们今天使用的各种产品。

您有没有注意过塑料玩具、家用电器甚至汽车上的"接缝"? 这种接缝之所以存在,是因为自印刷机发明以来,我们产品的几乎所有部件基本上都是作为各种"纸张"而"印刷"的,这些"纸张"组装或"装订"在一起的。事实证明,几乎所有的东西都是像一本书一样生产的。今天,我们几乎所有的产品都是使用大规模生产技术制造的,这些技术最初是为书籍的大规模生产而发明的。

印刷机的"驱动源",先是手动,再是蒸汽,然后是电力,迎来了工业时代:从机械化到电气化再到计算机化的演变。一路走来,文字和数字的数字化伴随着打字机、计算器、微处理器和现代计算机诞生了。第一代个人电脑的"杀手级应用"是文字处理,最受欢迎的两个程序是微软的 Word 和苹果的 MacWrite。

这让我们回到万维网。它是我们最伟大和最令人惊叹的现代发明之一,但它同时也是印刷书籍的后代。即使是 HTML(超文本标记语言,编辑网页内容的主要语言),也是超文本和所谓的"标记"语言的组合。

标记语言已经使用了几个世纪。传统上编辑们会用蓝色铅笔在作者手稿上进行书写,这种对纸质手稿"标记"修订说明的方式,演变出了标记语言这个概念和术语。几个世纪以来,这项工作都是由被称为"标记人"的熟练印刷工人完成的,他们对交付手稿进行手工排版前,先对文本进行标记,说明每个部分的字体、样式和大小。最早的一种使用标记来区分演示说明和内容的数字标记语言被称为"抄写"。

标准通用标记语言(SGML)成为 ISO(国际标准组织)标准。几年后,年轻的蒂姆·伯纳斯·李(Tim Berners Lee)爵士将 SGML 和超文本两个元素混合在一起,创建了超文本标记语言(HTML)。然后他将 HTML 与能够链接这些"超链接"页面的革命性新协议 HTTP(超文本传输协议),以及一种新的网络浏览器 NEXUS 整合在一起,就这样万维网在 1990 年诞生了。1993 年,Marc Andreessen 创建了功能更强大、更受欢迎的 Mosaic 浏览器,这有助于在世界各地推广使用 Web 网络。

万维网是一个全球性的数字图书馆。它使用超文本链接图书馆中网站(书籍)的页面。就像我们以前请图书管理员帮我们找一本想要找的书,今天,我们请 Google 帮助我们在网络(图书馆)上找到页面。为了强调这个比喻,我们甚至把在线阅读网页的过程称为"滚动"。而 Facebook（脸书）呢？嗯……它甚至用"书"来给自己起名。

以书面形式呈现的文字以及与之相吻合的文字、页面和发布格式主导了万维网的设计架构，并凸显了这样一个理念，即我们今天共享数字信息的方式仍然由"书"的模式主导。这是人类文化和科学进步的关键，但充其量，这是一个象征性的、关于世界的二维信息，被困在一页纸里，放在一块玻璃后面。它是一个抽象层。这不是世界本身。它不是为了连接物理世界中的人、地、物而设计的，也不是为了包含物理领域中的活动，即空间上的操作。

著名学者阿尔弗雷德·科尔兹布斯基（Alfred Korzybski）的名言"地图不是领土"提醒我们，我们的语言只捕捉了现实世界的一小部分。但是，随着智慧空间网的出现，地图变成领地，它使我们超越了仅仅在书本上或屏幕上阅读"**关于世界**"的内容，而是直接接触到世界，让信息以"**世界本身**"的形式呈现出来。是时候把我们的世界模式从"书"的模式演变成一个新的世界模式了。

空间界面势在必行

人类是空间的,我们生活在空间化的现实中。

我们的生理机能在空间环境中已经进化了数十亿年。我们的视觉、听觉、认知和运动都是基于空间现实中的空间生物这个背景发展起来的。我们经历了三个空间维度(六个方向)加上时间,我们作为"现实"所经历的一切都包含在这些维度中。

可以说,人类历史进程中的首要主题是我们控制环境的冲动和欲望。用我们的手引导它,把它转变成我们的意志,把它转变成我们认为有用和有意义的东西。为了扩展我们对现实的控制,人类创造了技术。已知最早的技术是我们远古祖先用一根棍子从地面上的土堆里撬白蚁。有了这根棍子,他们的触角就超越了身体的限制,获得了丰富的蛋白质来源。

技术增强和扩展了人类身体和大脑的能力。从最原始的挖掘工具到最先进的机器人技术,从最早的算盘到最前沿的人工智能,我们的技术已经成倍地提高了我们控制空间、时间和物质的能力(例如,为了我们的集体利益控制我们的环境)。

数字化只是一项长期以来的最新技术,是为了增强我们对现实的控制而发明的。它使我们能够将"现实的外部状态"转化为数字信息,从而使我们能够使用计算机编辑、操作、共享和改进它,改变或更新它的场景,使它更有价值。

如前所述,数字化道路始于数字,然后是字母,再演化到图像、音频和视频。在这个过程中,它们的制作、编辑、分发和共享变得越来越容易，效率也越来越高，因而更有价值。

空间化技术将非凡的数字化功能和能力扩展到我们生活的物理世界的各个方面，在这个过程中释放出有价值的新产品、服务和商业模式。这是因为空间计算，就像之前的个人计算和移动计算一样，具有罕见的能力，能够同时使得社会的所有部门（包括消费者、公共、私人和教育部门）受益。

它的好处将惠及从事设计、规划、可视化和测试工作的建筑设计师和技术工程师，需要模拟过去环境的科学家，需要模拟未来交通影响的城市规划者；在视频游戏、电视和电影中，以及医疗和医学的复杂应用中，例如模拟训练或协助外科医生进行手术，艺术家们也将重新定义我们与这个新时代的关系。

无论我们谈论的是需要从地理位置上跟踪物资运输状况的航运、货运和物流公司，还是需要将虚拟角色从街对面的公园转移到孩子们的游戏室的母亲，或是想租用虚拟法拉利赛车在摩纳哥或月球上进行比赛的玩家，空间计算使我们与信息的关系变得人性化。

随着每一代新的计算技术的出现，计算机接口技术不断发展，变得越来越自然和直观。早期与计算机的交互需要训练有素的技术人员；如今，几岁的小孩都在使用智能手机的触摸屏或直接与 Alexa 或 Siri 这些智能语音助手交谈，就仿佛它们是大家庭的成员一样。

但是，是什么推动了这一进化趋势，这对计算的未来有何影响？

可以说，人机交互（Human-Computer Interaction，HCI）的发展最终是由生物学决定的。从键盘到鼠标，从字母数字显示器到图形用户界面，再到智能手机的触摸屏，我们看到了界面朝着更加直观和自然的方向稳步发展。下一步，我们将进入 VR 和 AR 或"空间"界面，包括语音、目光和手势。空间计算不仅是一项新的技术进步，而且正在加深人脑与计算机大脑之间的联系。

我们之所以迁移到 VR 和 AR,并不仅仅是因为它们是一项有趣的新技术,而是因为人类有深度感知的双眼视觉,而这是唯一与我们的生理机能相匹配的界面。它们将越来越有用,使我们能够在人类大脑和神经系统的生物学驱动下,在世界上进行效率更高、效果更好的互动。

我们的视网膜含有令人震惊的 1.5 亿个感光棒和视锥。我们大脑中用于视觉处理的神经元占据了大脑皮层的近 30%,而触觉处理和听觉处理分别占 8% 和 3%。

但这只是故事的一部分。人类对视觉数据的反应和处理比任何其他类型的数据都好。一些统计数据表明,大脑处理图像的速度比文本快 6 万倍,大脑处理的信息中 90% 是视觉信息。事实上,大脑的 30% 是专门用于视觉系统的。我们能很快地识别出视觉模式,并且比文字和数字反应快得多。

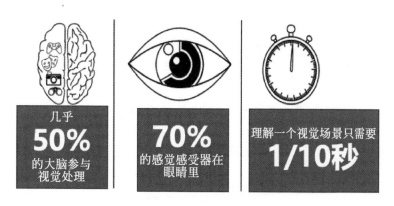

最近,为了向"以眼睛为中心"的界面层迈进,已有数十亿美元投资用于完善 VR 和 AR 技术,这是由人类对三维双目界面的生理需求所驱动的。其他的交互方式都太没效率了。全世界 90% 的数据都是在过去两年里产生的,而且其增速没有放缓。

　　从跨网站和社交媒介到移动设备的广泛使用,各种来源的大数据爆炸式增长,使得个人和组织已经很难理解今天的数据了,随着新一代可穿戴设备和物联网传感器的加入,几乎不可能实时翻译海量数据,更别说把数据转化为有用的决策信息,除非我们改进这种信息的呈现方式。

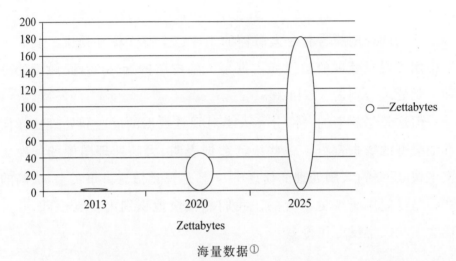

海量数据①

　　要应对这种数据爆炸,空间接口将必不可少。我们需要能够查看它,浏览它,修改它,共享它,做出关于它的决定,使用它来模拟多种可能的未来,等等。2025年的电子数据表格更可能是一个模拟空间,让我们能够问"如果……怎么办?",并将结果显示为我们正在测试或请求的三维沉浸式示例。这是一个新模式的"世界",而不是"书"。

　　随着时间的推移,人类的语言也可能变得更加直观。Web 2.0

---

　　① 译者注:Zettabytes(ZB,泽字节)是计算机存储容量单位,1ZB=1180591620717411303424B(字节),相当于1个 TB 的10亿多倍。

的 Memes① 和 Emoji② 以及 Snap 和 Tik Tok 等 Web 2.5 公司的"面具罩"和"滤镜"等都预示着这样的未来。

空间计算的兴起标志着我们计算系统进化的下一个重要步骤,并强调了智慧空间网在计算机与人类交互作用的不断进化中的重要性。从 2020 年到 2030 年,5G 移动技术将在全球普及,为我们提供一个能够带来低延迟空间体验的全球移动网络。5G 网络技术的普及,以及空间接口技术成本的不断降低和质量的不断提高,将推动空间技术在全球的应用,这不仅仅是因为它是一个更令人兴奋的接口,而是因为它是一个由生物学决定的接口。

从这些例子中可以清楚地看到,智慧空间网将使我们的世界以及我们与之交互的效率,比使用文本和数字高出数千倍。这将加速、改善教育的质量,为我们的经济创造更多的财富,加快我们技术的发展。历史将其视为一种状态的改变——类似于水变成冰的那一刻。

---

① 译者注:Memes 的中译名为"弥母",一般非学术范围可以译为"梗",此处特指真人表情包。

② 译者注:Emoji 即日语"绘文字"的译音,此处特指卡通表情包。

智慧空间网的技术堆栈

一个新的、强大的、真实世界的网络,在我们现有的网络技术框架下和"监视资本主义"①状态下,其运行的前景将是一个灾难。不是我们的网站被黑客入侵,而是我们的家、办公室、无人机、汽车、机器人、感官和生理被黑客攻击。当前网络的核心协议及其总体逻辑和架构,并不是为这个新的世界网络带来的新机遇和风险而设计的,也不足以应对这些机遇和风险。

为了实现智慧空间网的承诺,解决旧 Web 的不足,我们需要一套能够支持多维 Web 的新的空间 Web 协议和标准。这套协议和标准需要定义良好且规范健全,能够支持空间、认知、物理和分布式计算趋势。我们需要一种能为新 Web 奠定基础的规范,从设计之初,就必须保障隐私性、安全性、信任性和互通性,它应该从基础提高到一种规范,该规范被设计成用于人、物和货币的通用标准,以便在真实和虚拟空间之间无缝转移。

---

① 译者注:监视资本主义(Surveillance Capitalism)一词,出自哈佛商学院教授肖沙娜·朱伯夫(Shoshana Zuboff)于 2019 年 1 月出版的新书《监视资本主义时代》(*The Age of Surveillance Capitalism*)中,揭示了以谷歌和 Facebook 为代表的硅谷公司开发高新技术监控用户数据,用以预测甚至调整用户行为。

Web 3.0 堆栈概述

Web 3.0时代不会由任何一个人或一项技术来定义,而是通过各种计算机技术融合成的一种集成"堆栈"来实现。在经典计算机理论中,这种"堆栈"称为三层体系结构,由交互层、逻辑层和数据层组成。

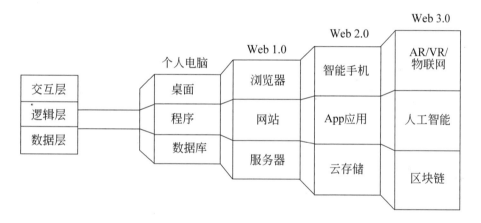

作为集成堆栈的一部分,Web 3.0 将利用空间(增强现实、虚拟现实、混合现实)、物理(物联网、可穿戴设备、机器人)、认知(机器学习、人工智能)和分布式(区块链、边缘计算)计算技术。这四种技术构成了 Web 3.0 的三个层次。

交互层:空间。在空间环境中进行的计算,通常使用特殊的外围设备,如 VR 或 AR 头戴式耳机、智能眼镜以及用于观看、讲述、比划(手势)和触摸数字内容和对象的触摸设备。空间计算使我们能够以最直观的方式自然地与计算机进行交互,与我们的生物学和生理学最紧密地结合。

　　交互层：物理。嵌入到对象中的计算，包括传感器、可穿戴设备、机器人和其他物联网设备。这使得计算机能够看到、听到、感觉、闻到、触摸和移动世界上的事物。物理计算将允许我们与世界各地的计算机连接，接收信息，甚至向周围环境发送"动作"。

　　逻辑层：认知。建模和模拟人类思维过程的计算，包括智能合约、机器学习、深度学习、神经网络、人工智能甚至量子计算。它可以实现从工厂生产到自动驾驶汽车的活动、操作和流程的自动化、模拟化和优化，同时还可以推动和协助人类作出决策。

　　数据层：分布式。跨设备共享的计算，每个设备都参与计算机存储的一部分，如区块链和分布式账本，以及计算机处理，如边缘计算和网格计算。通常，这为智慧空间网所需的海量数据存储和处理提供了更高的质量、速度、安全性和信任度。

Web 3.0 堆栈详解

交互层：空间计算

虚拟现实、增强现实和混合现实

空间计算是在三维空间中最自然、最直观地查看数字信息、内容和对象并与之交互的一种方式。

每隔 15 年左右，就会出现一个新的计算界面，并主导我们与计算机的交互：20 世纪 80 年代的台式电脑，20 世纪 90 年代中期的网络浏览器，21 世纪 10 年代的触摸屏智能手机。空间计算技术给计算机界面带来了根本性的变化。

人类与信息的大规模互动分为三个重要的"时代"：第一个时代是从口语到书写的转变；第二个时代是由印刷字的发明（从书写到印刷）引发的；第三个时代是屏幕（从物理到数字）。每一个时代都从根本上改变了我们的经济、政治和社会。关于这三个时代，我们更熟悉的术语是农业时代、工业时代和信息时代。但是，把这些时代看作是我们与信息关系的发展所带来的进化，则凸显了这个新时代的重要性。空间技术是界面的下一个进化，它逐渐将我们的注意力从屏幕转移到我们周围的世界，这将产生比以往任何时代都大得多的影响。

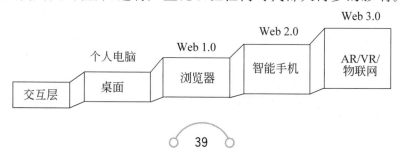

我们对 Web 3.0 最直接的体验将通过它的界面来获得。有了空间计算,界面简直就是整个世界。数据在我们周围随处可见,让我们可以通过语言、思维、触摸和手势与之互动,为我们的信息、想法和想象增加了一个新的维度,使它们更真实、更具协作性。

下面让我们看看空间计算的主要类型之间的细微差别。

VR 是一种技术形式,它允许一个人获取身处别处的体验。它可以产生图像、声音,甚至感觉,创造一种身临其境的感官体验,让用户感觉他们真的出现在另一个地方。例如,可以是在另一个国家的虚拟之旅,也可以是《无人深空》①之类的虚拟世界,或是真实和虚拟的任意组合,有时也称为混合现实(MR)。沉浸在 VR 中给人一种置身于非物理世界的感觉。VR 使我们能够进入完全沉浸式模拟教育、培训、原型制作(Prototyping)和娱乐。

在 VR 中,任何您梦想的东西都可以体验。戴上头戴式 VR 设备,您可以感受被传送到物理世界、宇宙或任何虚构宇宙的任何地方,以及过去、现在或未来的任何历史时刻,去体验最广泛的可能的情境和场景。做您自己,或者成为任何您希望的人物,无论体型大小,年龄老幼,人类或其他。您可以进入动脉观看白细胞对抗入侵病毒,或以光速穿越时空,观看宇宙诞生。VR 是可编程的想象力,它的应用体验是无限的。

在更实际的方面,VR 可以让我们在城市规划、室内设计或建筑施工时进行协作迭代,完成最终设计和布局。设计师可以在工程实施之前,模拟出理想的用户体验。虽然传统技术也允许我们使用沉浸式技术进行原型制作,但 VR 通过行走、飞行以及与仿真和原型的

---

① 译者注:《无人深空》(*No Man's Sky*)是一款以太空探索、冒险生存为主题的游戏,游戏中全是随机生成的星球供玩家探索。

交互,提供了更直接的体验。因此,我们可以更好地设计我们的家园、办公室、城市和产品。

沉浸式媒介也可能使我们彼此之间更加亲近,并与人道主义危机等全球性问题联系起来。VR可以让人远程产生一种临场感,从而唤起我们在现实生活中所特有的同理心和情感反应。它提供了一种在其他媒介中根本不可能的体验,赋予我们神奇的力量,让我们进入一个有着1500年历史、充满佛教艺术的洞穴(三维复制品),被运送到约旦难民营的叙利亚儿童的鞋子里,或者从桥对面看到巴黎圣母院被烧毁。我们心有所感,不是因为我们变成了佛教徒、叙利亚人或巴黎人,而是因为通过媒介,我们得以感同身受地体验各自的经历。

AR与VR的不同之处在于,它显示一个人所处的物理位置,但可以在物理世界中叠加和显示数字图像、信息和三维对象。数字内容或对象可以在空间上链接到物理对象。例如,您可以将维护文档附加在某个设备上,或者将角色藏在客厅中以待发现。AR中的对象,能够以所有方式(例如纹理、照明等,这也是我们希望物理对象能做到的),动态地对环境做出反应。

有了AR,当您在罗马竞技场(斗兽场)度假时,只需拿起智能手机或戴上智能眼镜,就可以看到公元200年的场景,或者在看台上观看一场历史上的角斗士大战。您可以访问纽约时代广场,从好友发布的真实位置查看所有Instagram照片、Facebook帖子和Yelp评论,或者在真实的画廊中查看虚拟艺术,或者在菜单上看到弹出的真实食物,而不仅是文字。通过AR,您可以尝试戴上(穿上)新的眼镜、鞋子或手表,只需挑选您所喜欢的产品并指向您身体的相关部位。您可以到国外旅行,用母语查看所有的标志;也可以在世界上增加一个图层,让您看到每一栋建筑和每一个人,就好像他们来自维斯特洛大陆、星球大战或维多利亚时代一样。

通过 AR,维修人员(无论是生物、算法还是机器人)可以查询设备上以二维或三维形式呈现的相关文档、计划、图标、报告或分析数据,从而查看工厂、矿场、农场或电网的设备历史维修记录。家用电器或新车可以提供交互式教程,工业设备可以显示诊断或维护历史,杂货店或购物中心可以提供三维地图和导航,不仅可以在手机屏幕上以地图的形式呈现,还可以在您面前浮空显示(虚拟),为您、送货服务人员或机器人规划路线,完成任务。产品上会显示所有相关信息,甚至供应链历史,以验证产品的来源、是否被合理使用、是否有可持续措施。

对于企业来说,AR 可以显著提高生产率。随着它的发展,AR将能够为技术人员提供沉浸式的逐步指导,通过提高性能来节省时间和降低成本。AR 通过有效的、引人入胜的模拟和训练,使工作更精确,工作环境更安全。通过对不同场景的丰富模拟,机器内部结构及其零部件实现了精确可视化,有助于加深对机器的认识和理解。

交互层:物理计算

物联网

物理计算是使用计算机感知和控制物理世界的一种方法。它使我们能够通过计算机与物理世界的关系来理解我们与数字世界的关系。物理计算是智慧空间网的感觉器官和肌肉层。

我们已经卷入第四次工业革命的浪潮。第一次工业革命是蒸汽驱动,第二次工业革命是电力驱动,第三次工业革命是计算机驱动,第四次工业革命是融合了传感器、信标器、执行器、机器人和机器学习的集成网络驱动。这些"网络物理"系统是"工业 4.0"的核心功能,将为未来的智能电网、虚拟电厂、智能家居、智能交通和智慧城市赋能。物联网可以使用现有的因特网网络基础设施来远程感知或控制对象,这为物理世界和基于计算机的系统之间的更直接融合创造了新的机会。这将提高效率、准确性和经济效益。

正如我们与计算机的交互一样,在 Web 3.0 中,计算机将通过物联网与世界进行交互。物联网中所谓的"物"可以指各种各样的设备,包括心脏监护植入物、农场动物的生物芯片转发器(可植入式 ID 芯片)、现场转播对沿海水域野生动物喂食的流媒体摄像头、带有内置传感器的汽车、用于环境/食物/病原体监测的 DNA 分析设备,以及协助消防员进行搜救行动的现场操作装置。Noto La Diego 和 Walden 在其题为《物联网契约:窥视巢穴》(*Contracting for the "Internet of Things": Looking into the Nest*)的论文中进行了更为正式的定义,将物联网描述为"硬件、软件、数据和服务的不可分割的混合体",它是一个由连接到互联网并能够共享数据的物理设备组成的网络。这些连接的设备包括传感器、智能材料、可穿戴设备、可摄入设备、信标器、执行器和机器人,这些设备将使智能设备、实时健康监测设备、自动驾驶车辆、智能服装、智慧城市等相互连接,以交换数据并在世界各地发挥作用。

物联网将实现世界上每一个物体的数字化,并从每一个人、每一个地方、每一个事物中获取数据。可以把它视为与地球的"读/写"交互层。世界各地将安装一万亿个传感器,就像地球尺度的皮肤和感官,具有探测温度、压力、湿度、光、声音、运动、速度、位置、化学物质、烟雾等的能力。这就赋予了物联网超人的能力,让这些联网的设备可以透过墙壁探测纽约高层建筑中的烟雾,或者在印度尼西亚海啸前感知潮水的上涨,或者监测迪拜一位百岁老人的血液流动和血压,从而防止建筑物燃烧,拯救海岛天堂上的居民,挽救老祖母的生命,等等。

更紧密的联系

专家估计,到 2020 年,物联网将由约 300 亿个物体组成,在此后的几十年中,物联网设备将增至数万亿个。从根本上讲,其进化趋势是更多的连接设备和更多类型的连接物体。有效利用这一扩展能力可以帮助我们更有效地利用能源,减少碳排放,减少浪费,设计更好的城市,预测疾病,跟踪流行病,等等。

物联网作为智慧空间网的物理计算硬件,将物理数据捕获并分发到认知层,并通过区块链、边缘网络和 Mesh 网络将数据存储在去中心化的数据层中,进行数据存储和计算。

逻辑层：认知计算

人工智能、智能合约和量子计算

认知计算基于我们对人类认知的理解，是自适应、文本学习和逻辑系统的数字应用。它们将"智能"带入物理世界，以分析、优化和规范智慧空间网中的活动。

智力的高低

Web 3.0逻辑层将受到包括人工智能、智能合约和量子计算等核心技术在内的认知计算趋势的驱动。充斥着数十亿个自动执行的智能合约和程序的每一个建筑物、房间、物体以及呈现出的各类现象都会表现出"聪明"的行为，我们周围的环境似乎有感知能力。人工智能、机器学习、智能合约和相关的"认知"计算技术使得我们从早期计算机的穿孔卡片程序进化到自适应的自主、自启动和自我学习。它们将很快超越人类的智能，其速度、规模和范围都将达到指数级别。

维基百科将"人工智能"定义为模拟人类认知的机器。与人类思维相关的许多事情，如学习和解决问题，都可以通过计算机来完成。这就是为什么未来的一切经常被称为"智能"。这是一种暗示，它包括一些可编程的规则集。

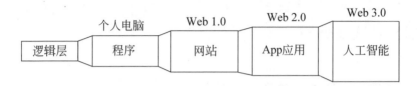

一个理想的(完美的)人工智能是一个能够感知和行动的自主动态智能体。它可以看到、听到、嗅到、触到,甚至规划其环境,修改其行为,以最大限度地提高实现既定目标的成功概率。因此,当人工智能在精神、感官和身体能力方面,变得越来越与人类趋同时,我们对"人"的定义可能需要调整。

智能合约是"作为代码的合同"——它们是可编程的、自动化的和自动执行的软件,无须合作双方持续投入人力、沟通法律条款,在双方条款匹配的情况下,将会自动执行和实施。如果执行合同的程序是可信的,就不必依赖于信任对方会履行条款。

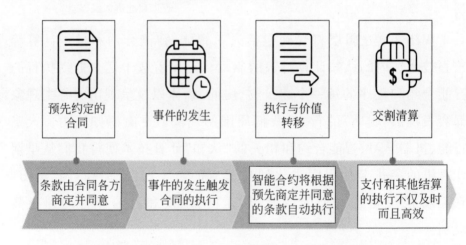

由于智能合约的存在具有不可篡改性(类似区块链的分布式账本),智能合约提供了优于传统合同的安全性,并且可以减少与合同相关的其他交易成本。人工智能将能够用分布式账本技术做很多事情,但就本书的目的而言,我们更强调人工智能作为"更智能"的合同

代理的作用,它可以实现数据驱动、超定制的智能合约创建、分析、操作和执行。

人工智能加上智能合约可以共同简化谈判和执行流程,同时促进更复杂、更动态的协议,最终提高效率。这种完整的合作关系将法律和软件领域带到一个全新的层面。在数字资产的背景下,智能合约和人工智能可以提供使用条款、支付条款、所有权转移条款和基于位置的条款或条件,使整个供应链自动化,包括其交易和未来数据市场分析的精确细分。

此外,认知计算将应用于通过组成 Web 3.0 物联网的数万亿传感器传输的海量数据。传统的物理定律不再适用的这种认知计算,将进一步强化和加速人类在各个领域的认知和创造过程,并将越来越多地允许人工智能探索未来无限的可能性。

接下来,让我们来看看量子计算在逻辑层中扮演的角色。今天的计算机,被称为"经典"计算机,以二进制形式存储信息,如"1"或"0";每个"位"(bit)都是要么开要么关。量子计算使用量子位(quantum bit,qubit),除了可以"开"或"关"外,还可以同时"开"和"关"。量子位可以存储大量的信息,比经典计算机消耗的能量却要少得多。进入传统物理定律不再适用的量子计算领域,计算速度比我们现在使用的经典计算机要快得多(每秒一百万次或更多次)。

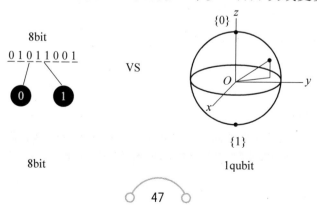

8bit

1qubit

　　这使得量子计算机有能力破译混乱的交通方式,把控全球市场的脉搏,捕捉光的反射、婴儿神经活动的细微差别、雨滴的位置,分析画家的笔触,等等,这一切简直可以达到出神入化的境地。它看起来是如此的神奇和不可能,但它可能会发现我们自己无法确定的量化模式,揭示宇宙中不为人知的秘密,这些秘密能够为人工智能提供必要的信息,从而进行无数次的微观调整,以改善我们的城市交通流或我们的孩子的学习方式。它将有助于使 VR 更加逼真,将我们的资源引导到最需要的地方,甚至可能激发保守的卢德主义者①对艺术的欣赏。

　　智慧空间网逻辑层的认知计算趋势将利用分布式账本担保的智能合约逻辑、自主和自适应人工智能以及量子计算。就像计算机程序、Web 网络和移动应用程序以及云计算推动了 Web 网络早期迭代的逻辑层一样,认知计算技术的力量将智能地实现我们个人和集体日常生活各个方面的自动化,并作用于我们的国家、社会、政治和经济系统。随着时间的推移,这些算法控制和对我们现实的微观编辑似乎会自己发生,几乎是"自动"发生的。

更高的智能

　　一开始,我们用计算机的语言编写程序。现在它们用我们的语言与我们对话。它们用自己的眼睛看世界,很快就会把认知计算应用到我们生活的方方面面。Web 3.0 为一切事物带来了自主智能或"智慧"。

---

　　① 译者注:卢德主义出现于工业革命初期,工人把失业迁怒于大机器的出现,而开始破坏机器设备。现在特指对新技术和新事物的一种盲目冲动反抗。

数据层：分布式计算

分布式账本和边缘计算

分布式计算是一种趋势。它既可以让数据存储和计算能力越来越接近，并跨多个设备，从而提升速度与性能，还可以让数据存储和计算能力越来越去中心化，进而提升信任度。

在 Web 3.0 堆栈的底部，其数据层是分布式账本技术（DLT），如区块链和有向无环图（DAG），它们是去中心化和不可变账本，具有验证信息来源的能力。区块链这类分布式账本技术提供了一种加密的、全球备份的存储记录的方法。这些记录在多台计算机（或节点）之间共享和更新，分布在整个星球上，并由加密技术保护。这将创建一个几乎不可篡改的、全球共享的事件、活动和交易记录的账本。最先验证新记录数据的节点将得到经济奖励（鼓励竞争），而存储记录与网络中其他数据不匹配的节点将受到惩罚。借助区块链技术，最新的记录和交易将组成数据"块"，一旦网络中的所有节点验证其准确性，就可以被添加到先前块组成的"链"中。

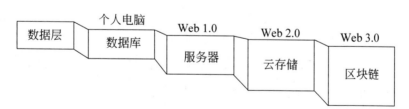

有向无环图（DAG）是分布式账本的另一种形式。DAG 是单个交易的网络，这些交易链接到多个其他交易。DAG 将交易的区块链交换为树状结构，该结构使用分支将一个交易链接到另一个交易，以及另一个交易,以此类推。有些人将 DAG 视为区块链的替代品,另一些人则将其视为区块链的加强版。无论在哪种情况下,密码学、社会共识和创新算法的结合使得分布式账本技术能够确保"数据溯源"。新一代的区块链初创公司应运而生,为解决人类社会由来已久的信任问题提供了解决方案。今天,我们看到基于 DLT 的解决方案正在出现,从全球金融交易到医疗记录存储、从供应链认证到数字资产销售,甚至是实物和数字收藏品的共享保管。

分布式账本技术使世界上的每一个身份、合同、交易和货币都可以被信任和验证。信任源于分布式账本的固有架构,不需要依赖于公司、政府或类似机构来充当受信任的中心机构。它承诺建立一个真正开放和去中心化的新经济和信息市场。与许多新技术一样,它也不得不受标准化、可伸缩性和性能问题的影响,但从历史经验来看,如果需求足够大,那么这些问题最终会得到解决和克服。从现在来看,需求真的很大!

从长远来看,Web 3.0 中的数据层必须是安全的、值得信赖的。因为空间技术创造的超现实、超个性化、高度沉浸感和体验性的"现实"(将我们的信息和想象投射到物理世界,并展示在我们眼前)也意味着,接受"眼见为实"的老话将变得越来越困难。

鉴于计算机视觉和人工智能渲染能力的最新进展,以及它识别和重新创造一切事物的能力,从我们的脸、表情、声音到我们周围世界的物体和环境,我们如何从虚幻中判断真伪,凸显了信任在整个智慧空间网中的重要性。考虑到这样一个事实:这些技术不仅有能力伪造我们所看到或感觉到的、真实的信息和交互,而且有能力挖掘我们的信息,影响我们,向我们做广告,促进我们的交易。

这对我们的未来构成了严重的问题,个人、社会、政府和经济都处于危险之中。首先，必须奠定关键数据的安全基础，其次是制定可以被采用和实施的通用标准和政策。我们现实中的"是谁""是什么"和"在哪里"必须是能够可靠信任的。

但是，在一个我们都无法相信自己感官的世界里，我们如何建立信任？这些技术建立在当前不安全的网络架构之上，一旦被人类和算法恶意劫持和滥用，就可能给我们带来不可接受的风险和威胁。

自文明诞生以来，人类一直在努力创造关于物品或资产的价值的可靠记录。我们的文明、经济、法律和规范依赖于我们可以信任的记录。这些记录必须能够为一些关乎有价物品的以下关键问题提供可靠的答案，例如：它是什么？谁拥有它？它能做什么？还有……它在哪里？

溯源（Provenance）是记录之所以"可信"的原因。它是关于某事物的描述、所有权、保管权和位置的历史记录。我们的许多技术和社会发明，如字母、数字、簿记、合同、地图、法律、银行和政府，都是为了解决和管理我们在现实世界中的记录溯源。

然而，帝国会衰落，银行会崩溃，公司会解散。和它们一样，我们的数据记录也极易随着时间的流逝而被损坏，我们的许多历史记录也变成了灰烬。在信息时代，我们已经从存储在文件柜中的纸质记录发展到存储在遍布全球的数据库中的数字文件。在 Web 2.0 时代，越来越多的通过网络和移动应用程序收集的个人信息被越来越多的第三方公司存储在"云"数据库中，我们在不知情的情况下信任了这些公司，这些公司在跟踪和销售我们的数据的同时，数据也容易受黑客攻击。

现在，随着分布式账本技术（作为 Web 3.0 的数据层）的到来，人类终于有了一种加密安全的、全球备份的记录存储和认证方法。这些记录在多台计算机(或节点)之间共享和更新,分散在整个星球上,并由加密技术保护。

这提供了前所未有的具有数据完整性的数据溯源。

边缘计算是另一种分布式计算模式。在边缘计算中,计算主要或完全在称为智能设备或边缘设备的分布式设备节点上进行,而不是主要在集中的云环境中进行。"边缘"一词是指作为物联网设备的计算节点在网络中的地理分布,它们位于企业、城市或其他位置的"边缘"。其目的是提供服务器资源、数据分析和计算资源,使其更接近数据收集源和物联网系统,如智能传感器和执行器。边缘计算被视为实现物理计算、智慧城市、普适计算、增强现实和云游戏以及数字交易的关键。

更多的信任和访问

从 Web 时代之前孤立的办公数据库到 Web 1.0 的全球可访问的 Web 服务器,再到 Web 2.0 的云基础架构所促进的移动访问,再到分布式账本和边缘计算,它们将保护 AR 信息并为 Web 3.0 中的物联网提供动力,数据层的演进趋势是数据的日益去中心化和民主化。在每一个阶段,我们都增加了接触机会和一个"信任圈",让越来越多的参与者参与进来。这是去中心化和分布式系统所创造的内在价值。

集成 Web 3.0 堆栈

从 Web 3.0 堆栈的角度看这些不同技术的融合，可以更容易地看到空间、物理、认知和分布式技术集成所带来的好处。

例如，在交互层，由于物联网为我们提供了启用传感器的网络，物理计算使我们能捕获、测量和交流与所有物理活动有关的性能数据。机器人技术将执行物理世界中任何必要的移动或运输，从种植和采摘食物到全球范围内人员和产品的制造和运输。

同样在交互层，像 AR 这样的空间计算将提供一个通向新世界的界面，这个新世界被描绘成一个充满信息和场景的数字层，这些信息和场景随着物联网的传感器、人工智能和由智能合约设定的新状态不断更新，它们受到区块链保护，以及加密货币激励。

空间计算（如 VR 技术）将为创造和探索我们的信息、思想和想象提供一个优越的"预览"体验环境。它将实现任何给定对象、环境、人类或系统的最理想的虚拟仿真或数字孪生。

在逻辑层，作为人工智能的认知计算借助量子计算，将提供分析、预测和决策。在我们的虚拟数字孪生体上运行模拟将有助于确定理想的调整。

同样在逻辑层，作为智能合约的认知计算可以通过区块链和分布式账本网络结合场景来管理、执行和实施所有交互和交易，这些都是物联网捕获原始数据并由人工智能来优化的。

在数据层，作为分布式账本和去中心化加密货币平台的分布式计算将维护各种人、场所、事物和活动的可信记录，并管理各方之间的价值存储和价值转移。分布式计算(如边缘计算和 Mesh 网络)将利用联邦人工智能系统实现快速而强大的位置计算,该系统可以处理设备上的信息,在社区发表言论,同时确保个人隐私。

以开放、交互的方式协同工作的各种指数技术①带来的好处是惊人的。正是由于这种非凡的潜力,本书作者提出,Web 3.0 应该被定义和描述为一个相互连接的技术栈,所有这些技术作为一个统一网络的一部分一起工作,这将引导我们跨越各种趋势走向智慧空间网。

然而,网络不仅仅是技术的融合"堆栈"。一项关键技术是使能网络,使它们连接在一起并在它们之间进行通信。这项技术被称为"协议",类似于超文本传输协议(HTTP),万维网就是使用它在其堆栈层之间进行查询和通信。

协议一词有许多不同的定义。在社交礼仪中,协议可以指在外交或社会事务中可以接受的行为。在科学中,协议是一种预先定义的进行实验的成文的流程方法;而在医学中,它是一种处方(流程),概述了某些药物(或手术)应如何以及何时服用(进行)。在技术上,协议是各种对象或实体相互通信的常用方法。加密协议是一种加密消息的方法。区块链协议是一种达成数据集共识的编程方法。通信协议是一套确定的规则和约定,用于确定在电信和计算机网络中如何传输数据。

协议的每个单独条款都旨在解决我们的生物、社会和技术生活

① 译者注:指数技术又称指数型技术,包括物联网、增强现实、人工智能和机器人技术。物联网获取现实世界海量数据,增强现实实现虚拟空间与现实世界的交互,人工智能利用物联网获取的物理数据和增强现实获取的交互数据进行统筹和决策工作,机器人则执行人工智能的决定。

的各个方面的问题。这些条款不能互相替换,也不能进行交互或通信。这就引出了一个问题,什么是理想的内部通信协议?即连接我们的生物、物理和数字世界,并将其融合为一个网络。我们认为答案应该是:一个专门为我们未来的多维需求而设计的协议,而不是 30 年前的万维网协议。

难　题

只要足够努力,难题就是机遇。

——亨利·恺撒①

Problems are only opportunities in work clothes.

——Henri Kaiser

---

① 译者注:亨利·恺撒(Henri Kaiser),"二战"时期美国的传奇船王,仅花了 4 天零 15 个半小时就完成了 Robert E. Peary 万吨运输轮的建造。

万维网的缺陷

　　1997 年，万维网的发明者蒂姆·伯纳斯·李（Tim Berners Lee）在一篇题为《充分发挥 Web 网络的潜力》（*Realizing the Full Potential of the Web*）的文章中分享了他对 Web 网络的想法和希望："Web 被设计成一个通用的信息空间，所以当您创建书签或超文本链接时，您应该能够使该链接完全指向任何可以通过网络访问的信息。Web 网络的普适性是必不可少的：如果有某些类型的事物无法链接，它就会失去力量。"

　　这句话凸显了原始 Web 协议同时具有较大的潜能和固有的局限性。其局限性源于 Web 本身被定义为一个通用的"信息空间"，从而被设计成与网页上的文本和媒介进行交互。它更大的潜能最好地反映在一个容易被忽视的部分，他说"Web 网络的普适性是必不可少的：如果有某些类型的事物无法链接，它就会失去力量。"不管是有意还是无意，这句话暗示了 Web 网络要发挥它真正的潜能，就必须使任何东西都能链接到它，而不仅仅是文本和媒介。但 20 年后，现有的 Web 协议仍然不容易使某些类型的"事物"被"链接"。

　　网址原始架构在设计时已考虑了一定灵活性的例证就是，网页链接或统一资源定位符（URL）可以被分配到内容页面和"事物"中。这些事物可以是我们日常使用的事物，如智能扬声器、电器设备、可穿戴设备，以及联网车辆、工业设备或用于智能工厂、航运和物流的对象（统称为物联网）。

　　然而，Web 域和 URL 有一个非常重要的限制。它们并没有提供任何关于位置的参考。Web网络的设计目的是在页面上定位文本或媒介，而不是在某个位置上定位事物或人；无法在各种"空间"之间搜索、访问或移动人或事物——跨越物理世界，游戏和应用程序，以及虚拟世界。由于缺少空间域或空间地址，很难以任何经过身份验证或兼容的方式管理空间中的人员、机器人或内容的运作。

HTTP网络协议的范围和目标仅限于连接计算机、文档和媒介。考虑到其时代的局限性，该设计没有包含用户账户、资产ID、安全性、权限或交易的通用标准。此外，它们是基于文件的，而不是基于空间的。

尽管HTML和其他Web网络编程语言允许开发人员创建基于页面的交互和交易规则，但没有空间编程语言来创建跨越现实世界或虚拟空间的使用策略和用户权限，进行数字或数字化物理内容或对象的交互、交易和传输。

万维网及其协议缺少了许多（我们现在意识到）21世纪需要连接的东西。例如，现有的Web协议不处理或验证数据存储，不考虑基于位置的权限保护、资产所有权或交易认证，没有内置的可靠方法来识别和认证人、地、物以及它们之间的活动。因为我们现有的绝大部分的数据都被第三方拥有和控制，所以我们经常面临安全威胁。公司获取数据并将其集中存储以便从中获利的意图是显而易见的，但问题是存储规模越大，对恶意实体的诱惑就越大。从本质上讲，集中式系统容易受到黑客攻击、破坏、更改、获取，甚至被摧毁。

万维网技术和用户界面的设计是为了与二维文本（超文本）进行交互，以及为数字信息（而不是数字体验和行为）导航。它们在设计时不具备空间化的理念，因此缺乏足够的基础来开发下一代的空间网应用程序,这些应用程序必须实现与三维对象的交互和交易以及跨三维空间为用户导航。所以,我们需要一个三维空间化的网。

让我们更仔细地研究一下原始 Web 架构中缺少的关键特性,以及当前 Web 3.0 定义中缺少的关键特性。

今天的网络缺乏本地身份或账户的基础架构,这迫使用户通过每个服务提供商的身份验证,以访问提供商的服务。这就要求用户拥有用于不同交互模式的独立账户:浏览、交流、分享、购买。因此,与此类账户相关的数据的所有价值都由第三方拥有、控制并从中获利。整个网络上几乎所有的服务都是这样。

今天的 Web 网络缺乏一个建立在标准的空间协议之上的、开放的空间浏览器,让所有用户都能访问。今天的网络无法支持多用户可互通的搜索性、可视性、交互、交易以及用户、资产或货币在物理或虚拟空间内或者跨物理或虚拟空间的传输。

今天的 Web 无法提供用户、资产和空间的可靠、实时验证,也无法为各种交互和交易提供其身份、所有权和权限。正因为如此,虚拟资产和环境变化的风险是巨大的。黑客可以在物理世界中编辑 AR 内容,也可以为了自己的利益在虚拟世界中更改物品的价值。他们可以改变所有或部分的 AR、VR 场景,删除、编辑或改变核电站的关键显示信息,或破坏环境,移动物体,接管自动无人机、车辆或机器人,或发布不健康的甚至有害身心健康的软件或内容。它们可以模拟一个人、他的代理或化身;所有这些实例都可以与虚拟和现实世界中的对象、内容、人员和地点一起发生。

Web 2.0 的问题

黑客、跟踪者和骗子 —— 今天的网络并不安全

因为 Web 的设计并没有考虑共享数据库,而且由于它不存在注册,所以它不会保存我们活动的记录、日志或"状态"。

但是,当我们浏览网页、在线购物、阅读帖子、与朋友聊天、晨跑或晚上停车时,我们的各种数据和人体活动已经被各方跟踪和收集,这些数据已经存储在他们的服务器上。全世界每周的头条新闻都在不断报道世界上最大的、大概也是最安全的组织如何经常遭到黑客入侵,从而导致了前所未有的身份和资产失窃。即使没有被黑客入侵,我们的个人数据和活动也已经成为一种新的自然资源,可以被开采并卖给出价最高的人。可悲的是,这也导致了虚假新闻和其他假冒信息的盛行。我们的线上和线下行为的货币化,在吸引更多用户的参与后,实际上往往促进了虚假故事(而不是真实故事)的盛行。

我们都受到了虚假新闻的影响,这些新闻在个人、专业和政治上对我们产生的影响之大,从全球社会视角来看,简直无法估量。这不仅仅是我们容易轻信的秉性或群体关系所带来的副产品,尽管两者都有待反思。然而,通过跟踪我们的浏览活动、社会关系和历史定位,从而更好地向我们销售产品和服务,使得网络货币化过程中的金钱诱惑,超过了对我们社会道德水准影响的顾虑。问题不仅在于对金钱的不懈追求,还在于以某种技术为媒介的监控和其他行为的阴险本质,这些行为缺乏对每次点击的心理、政治或环境成本的适当关心和担忧。当市场这只看不见的手被一只"全知之眼"默默地引导,

而这只"全知之眼"对其行为对周围世界的影响视而不见时,就会发生这种情况。结果呢?导致监视资本主义。

但是,如果您是一家上市公司,必须对您的股东负责,他们衡量成功的唯一标准是您的季度收益或股票价格,您会怎么做?如果您公司的 DNA 就是不择手段地追逐利润,又怎么指望会有改变呢?

许多人越来越觉得自己好像置身于一个增强型数字化的显微镜下,这个显微镜可以定期跟踪他们最基本的欲望,然后瞄准这些欲望,使它们的实现更容易、更有效和更高效,不管他们是否愿意。当您将数字化应用到任何事物上时,都会发生这种情况,您会得到指数效应。当然,这意味着我们也许会得到好的结果,也许会得到坏的结果。这就引出了另一个问题:我们是否正确地应用了数字化?

在 2018 年 8 月的《名利场》(*Vanity Fair*)上,万维网的创始人和发明者蒂姆·伯纳斯·李发表了一篇题为《创建万维网的人》(*The Man Who Created The World Wide Web*)的文章,与作家卡特里娜·布克(Katrina Booker)讨论了互联网基本设计的缺陷以及这一设计在 Web 2.0 时代产生的危机。

他说:"我们证明了网络的失败,而且在许多地方都失败了,而不是按照我们的预期为人类服务。"网络的日益中心化,"最终导致了大规模的反人类的突发现象,虽然设计者并非故意为之。"

也许这就是为什么我们觉得反乌托邦版本的未来迫在眉睫。我们深知有些事情是非常不对劲的,我们可以看到所有的迹象正在跨越屏幕,并慢慢渗透到我们的日常生活中。

我们可以感觉到一个新的网络时代正在向我们逼近,就像一个隐藏的宇宙,很快就会掀开当前现实的面纱。正是这种感觉,一种焦虑的数字背景,引导我们走向一个关键的选择。

Web 3.0 的危险与机遇

2018 年,全球互联网连接率达到 50%。近 40 亿人全部通过数字化方式连接和联网,分享所有信息,从日常活动到政治观点,再到基因信息。在未来的十年里,还将有几十亿人联网,但那还不是全部。在 Web 3.0 中,达到兆亿数量的事物,包括每一台机器、每一个设施或设备,都会联网,随着它们的运行或运转,我们的农场和矿山、我们的水电厂、我们的城市和街道、我们的商店和家庭、我们的森林和公园、我们的学校和政府大楼都会联网,甚至我们的服饰和饰品(如手表、眼镜和衣服)都会在线销售。在我们城市的每一盏路灯和每一栋建筑物上,在我们头顶的每一架无人机上,以及在我们周围街道的每一辆汽车上,有着数以十亿计的摄像头,并由我们的同胞用手或脸来控制,他们能够判断您是谁,您在做什么,您的感受是什么,甚至您在想什么。

在 Web 2.0 中,开发人员经常要求我们授权移动电话和应用程序使用匿名诊断信息或定位数据,以提高其应用程序或服务的性能。根据《纽约时报》2018 年 12 月 10 日的一篇文章,"您的应用程序知道您昨晚在哪里,它们不保守秘密","至少有 75 家公司通过应用程序接收匿名、精确的位置数据,这些应用程序的用户可以通过位置服务获取本地新闻、天气或其他信息。其中几家公司声称,2017 年追踪的移动设备高达 2 亿台,约占当年美国移动设备总数的一半。"《泰晤士报》查看了一个包含近十亿条信息的数据库(一家公司在 2017 年收集的信息样本),揭示了人们旅行的惊人细节,精确到数米之内,在某些情况下，每天更新超过 14 000 次。

一个点显示了一个女人，"早上 7 点离开纽约北部的一所房子，去 14 英里①外的一所中学，每个教学日待到下午晚些时候……这个应用程序跟踪她去参加一个体重观察者会议，去皮肤科医生的办公室做一个小手术。随后，她带着狗徒步旅行，并住在前男友家中。"尽管记录没有披露这名女子的身份，但《泰晤士报》记者很容易由相关信息，锁定她的身份。

当您身上的许多"点"被收集起来时会发生什么呢？

当某些人能够像成千上万的数据公司和数据经纪人在整个 Web 2.0 的灰色经济中所做的那样，将这些点联系起来时，可以收集关于您的消息到什么程度呢？

在 2019 年《华盛顿邮报》一篇题为《现在是午夜，您知道您的 iPhone 在和谁说话吗？》的文章中。作者 Geoffrey Fowler 回顾了一个秘密实验，发现在一周的时间里，一台普通的 iPhone 上有 5400 个隐藏的应用跟踪器在运行。这些不同的追踪器与第三方共享个人详细信息，包括地址、姓名、电子邮件和手机运营商、位置数据以及设备名称、型号、广告标识符、内存大小和加速度计数据，从而创建一个用于广告、商业和政治信息的个人数据"宝库"。这些数据大部分是在我们睡觉时收集的。尽管有些应用程序需要打开跟踪功能才能正常运行，但这项实验引起了人们对透明收集和使用消费者数据的严重关注。考虑到苹果对消费者数据的强硬立场和表态，这尤其令人震惊。

Web 3.0 的可穿戴设备、健身应用程序和联网的家用电器将会

---

①　1 英里＝1609.344 米

报告更多关于我们的信息。您的设备甚至会报告许多细节,比如您在家喝了多少杯咖啡,冰箱里有哪些东西,您在取出和放回冰淇淋前后的心情,您的马桶可以分辨出饮食中的纤维含量,等等。您的智能门可以报告您离开和回到家的确切时间。虽然这些不同的设备可能会收集真正相关的数据,以实现其特定应用程序或家用电器连接的最佳性能,但这些数据的收集和销售,以及与其他数据集相关时的潜在可能性带来了前所未有的道德和隐私问题,而业界和政府不能忽视这些问题。

可穿戴技术确实提供了惊人的好处,可以使医疗行业重新焕发活力。它使我们可以利用数据更加了解我们的身体状况,以改善我们的健康,防止未来的健康风险和疾病。健身可穿戴设备涉及步进跟踪、睡眠监测和心率跟踪,以及更复杂的指标,如饮食、姿势、皮肤温度和呼吸频率。它们收集有关体重增加或减少、血氧水平和血压的数据,这些数据可用于警示潜在的危险因素,甚至在发生危及生命的变化时实时提醒其他人。

出于预防和保护的双重考虑,可穿戴技术将继续被采用。苹果公司已经表示,"健康"是他们的新领域,这很好,因为苹果公司走到哪里,市场都会紧随其后。

不当的监测、跟踪和分类所产生的可穿戴健康数据可能被滥用,这会增加保险供应商、雇主和政府采取歧视性行动的风险。如果进一步允许这些公司通过第三方销售来利用这些用户数据,则情况将会更糟。

在 Intersect 2017 年的一份题为《警惕可穿戴设备的潜在私用风险:对雇员的不公使用以及向第三方销售可穿戴健康技术》的报告中,作者写道:"根据《存储通信法》(SCA),可穿戴健康设备的电子通信服务、远程计算服务，以及可穿戴健康数据的内容性和非内容性的描述仍然模棱两可。"

那么，它到底是内容、言论、知识产权还是私有财产呢？目前，没有人知道。监管框架远远落后于市场，还在关注 5 年或更长时间前出现的问题。它们将如何保护我们免受未来几十年肯定会出现的问题的影响？

所有这些"生命流"数据都可以并将被挖掘出不同的结果。我们将共同向 Web 3.0 提供万亿比特级别的数据，使其比以往任何时候都更强大、更有价值，同时更具有潜在的危险性。

应用于这些数据集的人工智能拥有几乎无限的分析能力，有了分类和理解人、地、物之间相互作用的能力，这在过去也许难以想象，但在 Web 3.0 中，所谓"上帝视角"是有可能实现的。因此，人工智能在几乎任何情况下都能以非常高的确定性对下一步可能发生的事情做出相当准确的预测。尽管这可能带来伦理和隐私方面的影响，如同《少数派报告》①所揭示的那样，当人工智能和量子计算达到完全成熟时，这一情景将成为现实，我们都成了国际象棋中受操控的棋子。

人工智能和量子计算的融合能力

只有能够分析和理解任何真实世界的场景，才能虚拟地再现任何可以想象的场景，并使我们能够体验它。不喜欢昨天的结果？那好，您可以重新体验不同的结果，甚至在这个世界或任何其他地方模拟未来，那里的人、地、物和所有可能的交互都是由计算机生成的，可

---

① 译者注：《少数派报告》是由斯皮尔伯格改编自菲利普·迪克同名小说的科幻悬疑电影。电影讲述了在 2054 年的华盛顿特区，谋杀已经消失了。未来是可以预知的，而罪犯在实施犯罪前就已受到了惩罚。司法部内的专职精英们——预防犯罪小组负责破译所有犯罪的证据——从间接的意象到时间、地点和其他的细节，这些证据都由"预测人"负责解析。

以模拟您生活中真实的人或想象的人。这就像是在 VR 中为"现实"选择一个您自己的冒险,这个 VR 可以通过佩戴眼镜和触觉身体套装或通过直接连接到大脑神经的装置来调节。所有这些都将是完全互动和实时反应的。

这种技术在学习、实验、模拟等方面的能力令人难以置信,并且能够通过提供这些问题的可见性和细节来产生新的解决方案,从而解决一些最紧迫的问题,如气候危机、贫穷、不平等甚至种族主义。但当我们无法区分一个"现实"与另一个"现实"时,确实会出现一些风险,正如我们在一个非常现实的梦中所能分辨的那样。人类的思维极易受到感官暗示和现实扭曲的影响。几乎所有的人,每天晚上都会这样。在 Web 3.0 中,它每天都会发生。

我们沿着网络和世界变得越来越不安全的道路继续走下去的代价是什么?在那里,每栋建筑都有一个虚拟后门,我们脑海中的每一个房间都有一扇敞开的窗户,在那里,其他人可以盗取、修改或删除我们的数字财产,包括我们的身份、历史,以及与他人交流的方式;网络身份盗窃发展为假冒虚拟身份,心理和生理上的入侵允许他人对我们的思想和身体、观点、愿望和欲望进行编辑;这种生物社会黑客行为将成为未来最大、最赚钱的业务之一;少数精英控制着网络的"主开关",从而控制我们的经济、社会、世界和现实。我们知道,代价太高了。

如果您认为当前的网络在入侵我们的数据、跟踪我们的行为以及给我们提供虚假新闻方面存在问题,那么未来的、更强大的、更真实的、与地理空间结合的互联网,仍在与我们当前的网络相同的道德、技术和经济设计原则下运行,这将是一个天大的灾难。不是我们的网站和应用程序被黑客入侵,而是我们的家庭、学校、无人机、汽车、机器人、感官、生命体和大脑被黑客攻击。

这只是我们在 Web 3.0 中面临的危机/机遇的开始。在一个身份被大量盗用、安全漏洞泛滥、私人和公共组织无法保护信息的时代，当我们进行头像创建和身份验证时，用户如何认证虚拟化身和数字资产的所有权？哪家公司可以被足够信任，来生成和存储它们？

难以想象，今天的我们会与一个未知的实体在线交换个人信息或购买商品。在 Web 3.0 中，对于参与方的身份验证就更为关键。有了 VR，自然而然就会有创建虚拟身份的需求。在很多情况下，用户会有不同的化身用于不同的用途，就像 LinkedIn 的个人资料和人物角色通常与这个人的 Facebook 个人资料相差甚远一样。化身将是 Web 3.0 和我们日常生活中最重要的资产。他们的安全性和有效认证对我们至关重要。他们将需要一种安全的方法链接回我们自身，进行生物认证。

请记住，许多代表我们的化身并不会以"我们"的身份出现，尽管我们可能正在通过它们开展行动和交易。有些可能是我们的漫画版或卡通版，但另一些则是完全不同的角色，如《堡垒之夜》(*Fortnite*)等游戏中的角色，或是《高度忠诚》(*High Fidelity*)等虚拟世界中的角色。

iPhone X 的推出是化身技术的一个转折点。下一代智能手机和数不清的面部识别摄像头将通过三维深度扫描、情感和表情识别以及语音复制软件得到增强，这些软件提供了创建一个超级真实的虚拟化身的可行性。这个化身的外貌特征、说话方式、情绪波动，看起来就是您，但是哪些有效的认证方法将确保我们的代理和化身的真实性和使用权呢？

在某些情况下，典型的 Web 2.0 身份问题只是涉及某人获得您

Twitter 账户的用户名和密码,但 Web 3.0 身份问题是某人获得您的面部、声音甚至生物特征,完整的、超现实的副本。您可以通过 Deepfakes 等最新技术,看到这种数字模拟的先驱。

Deepfakes 和类似的技术使用深度学习人工智能,来分析某个特定人物(比如某个女演员或名人)的照片和视频,然后将他们的脸放到另一个场景中另一个人的脸上。很多时候,这个女人的肖像被选择并置于另一个色情女演员的脸上,却完全没有征得她们的同意,她们也无力阻止它发生。对于不道德的程序员而言,只需在业余时间花几个小时就能创作出来,成本非常低廉。还有其他一些不那么卑劣但同样令人震惊的例子,比如在颁奖典礼上把史蒂夫·巴斯米(Steve Buscemi)的脸贴在詹妮弗·劳伦斯(Jennifer Lawrence)身上。虽然我们可以自欺欺人地说这只是混搭文化的迷人延伸,但看着乔丹·皮尔(Jordan Peele)用自己的声音播放一段巴拉克·奥巴马(Barack Obama)呼吁与朝鲜开战的逼真视频,随着这项技术武器化的能力变得非常明显,这种魅力将很快消失。

目前,这仅限于平面视频,但随着立体视频、生成式人工智能、实时三维建模和越来越多的虚拟形象的使用,可能是某个人站在您面前,假装成您认识的某个人,用与您信任的人一样的方式说所有正确的事情。但不是他们本人;卖的东西是假的,环境不是真的,他们甚至可能不是人,只是一个非常聪明的恶意算法,输入了关于您的正确信息,以获得您的信任,完成交易。

考虑到人工智能技术、情感检测和手势识别数据以及可穿戴传感器数据、运动跟踪和其他个人数据(包括医疗物联网信息)的迅猛发展,防止他人重新制作一个无法区分的复制品将变得越来越困难。无论如何,在未来几年内,我们如何才能保护我们的身份、资产、内容以及我们拥有或访问的空间？

很让人担心的是：如果 Web 2.0 的危机是"假新闻"，那么在 Web 3.0 中它将是"假现实"。

您此刻居然还没感到害怕？您应该马上害怕起来。人类有着贪婪、恶意、无知和一厢情愿地滥用职权的记录，当各类指数技术在人类手中融合成一股巨大的合力时，如果使用不当，可能导致这个星球上生命的终结。

根据维基百科的说法，"世界末日时钟"是一个隐喻，象征着失控的科技进步对人类的威胁。它是一个象征，代表着人类制造全球灾难的可能性。自 1947 年由《原子科学家公报》的成员维护以来，这个"时钟"将假设的全球灾难描述为"午夜"，将世界与全球灾难的距离描述为到午夜还有多少"分钟"。截至 2019 年，由于核武器和气候变化的双重威胁，"时钟"显示距离午夜还有两分钟，而这些威胁的问题"在过去一年中由于越来越多地使用信息战来破坏世界各地的民主而加剧，这些威胁和其他威胁所带来的风险在不断扩大，并使文明的未来处于非常危险的境地"。

"滴答……滴答……滴答""世界末日时钟"继续不祥地走着，它错误地给了我们一种虚假的安慰感。这给了我们希望，还有一段时间去"弄清楚"，但我们已经没有两分钟的时间了！警铃已经响了！现在是采取行动的时候了！

在 Web 3.0 时代，危机不仅仅限于数字化信息战。它包括数字化的体验式战争，可以对我们的身体、心理甚至生理产生相当大的影响，因为我们的信息将不再被局限在我们的屏幕后面，而是被放置在我们周围的世界中。它将是空间的。

解 决 方 案

人类的进步发展在很大程度上取决于发明。
这是人类创造性大脑最重要的产物。

——尼古拉·特斯拉

The progressive development of mankind is vitally

dependent on invention.

It is the most important product of his creative brain.

——Nikola Tesla

构建智慧空间网

今天,我们需要同时超越早期网络的雄心和局限,去搭建一个由计算机、文档和媒介相互连接的全球网络。Web 3.0 需要构建一个智能的、自适应的新 Web,一个把人、地、物互联的通用网络。在这个网络中我们能够安全地交互、交易和分享我们的想法、信息和想象。我们需要构建 Web 3.0,以实现货物和服务从一个世界的任何一点到任何世界的其他点的无缝传递。在 Web 3.0 中,我们需要可靠地追踪来源,从矿山到市场,从农场到餐桌,从游戏到虚拟世界。它必须保护我们的虚拟身份及其相关个人资料、活动、交易、位置历史记录和数字财产清单。最后,它必须实现一个跨人类、机器和虚拟领域的、全球可交互和互连的数字经济。

为了实现这一宏愿,VERSES 基金会提出了一整套适用于 Web 3.0 的通用标准和开放协议。设计这套通用标准和开放协议是用于定义和实施数字财产所有权、数据隐私权和可转移的权利、基于用户和位置的权限、跨设备和内容互通性,以及生态系统市场,通过用户、数字和物理资产以及空间进行注册和可信的身份验证,使用新的标准化开放格式和由空间域保护的共享资产索引来实现。在空间域中,权限可以通过空间编程语言进行管理,通过空间浏览器进行查看,通过空间协议进行连接。

为了构建安全、统一的数字和物理的智慧空间网,我们需要一种标准化的方式来识别人、地、物(通用标识),一种方式来定位人、地、物(通用地址),一种验证我们所看到的与我们交谈的人(可信数据记录)的方法,以及一种简单的方式为我们在物理或虚拟世界(数字货币和网络钱包)的任何地方购买的商品和服务买单。最重要的是,我们需要一种方式让所有这些东西无缝地相互通信(一种空间编程语言和协议),没有一个人、公司或政府可以单独控制(开源),以及一个通用接口(空间浏览器),使设备、操作系统跨物理和虚拟域位置之间能安全互通体验。

为什么通用标准很重要?它们之所以重要,是因为我们都想更好地一起工作、娱乐和学习。我们希望能够在家里、在工作中、在全球的学校和机构中进行交互、交易和合作。正如我们在最初的网络协议中看到的那样,当我们有一个共同的技术词汇表,可以一起使用时,我们可以更容易和有效地相互交流和共享我们的信息,以及我们周围的世界,最终,将我们团结在一起。这不正是网络的好处吗?

解决这个问题的方法更多的是一个逻辑问题,而不是一个技术问题,需要我们(创造者和开发人员)系统和全面地考虑我们的世界。作为一个逻辑问题,我们需要改变我们的思维方式,不要把网络技术和我们周围的物理世界看作是分离的,而要把它们想象成是相互交织或纠缠在一起的。我们需要考虑多维和跨维的需求(从现实世界到虚拟世界,再加到实现世界)。这使我们的现有观念不断演化发展,从 Web 域到空间域、从 Web 页面到 Web 空间,从数字文件、虚拟对象或物理对象到智能资产,以及从基于文本的协议到基于空间的协议。

这个逻辑框架使我们超越了早期网络的雄心和局限,那仅仅是一个由互联的计算机、二维文档和媒介组成的全球网络。我们要构建一个更安全、智能化和适应性更强的新三维网络,一个由互联的人、地、物组成的通用网络。

智慧空间网需要一套新的技术，它将具有：

空间性：数字内容不仅是一个单一的数据块，而且经过维度化的和固有的空间化处理，使位置（而不是字符串）成为基本的要素。

所有权：用户可以拥有自己的数据和数字财产，并选择与谁共享这些数据。此外，当他们离开一个特定的服务提供商时，依然保留对自己的数据和数字财产的控制权。

安全性：安全的数据收集、传输和存储机制，允许任何用户在任何物理或虚拟空间内或跨任何空间对虚拟和物理资产进行交互和交易。

隐私：一个由个人控制的、可信任的和利用加密安全的、去中心化存储的数字身份，实现"无信任"的匿名和可审计的完整交互和交易。在以前则需要交换个人资料和层层核实。

信任：信任基于对所有用户、资产和空间的可靠实时验证，以及它们与其他可验证记录之间的交叉验证，包括了验证所有权、活动、可追溯性和权利的各种证明。

互通性：多用户互通性提供了任何空间内或跨空间的任何资产或用户的可搜索性、可视性、交互、交易和传输。跨设备、操作系统和位置在空间内和空间之间启用无缝用户导航和资产转移。

共享的现实

智慧空间网需要新的空间接口、空间协议和空间编程语言来与
AR/VR、物联网、人工智能和人类交互。与智能合约和分布式账本
技术的兼容性,将允许验证与虚拟和地理空间位置相关的任何资产
的身份、所有权和使用权。这允许用户在 Web 空间内和跨 Web 空间
进行搜索、交互、交易、可追溯性和虚拟资产的转移。空间 Web 必须
是可遍历的、连续的,并且能够维护地理位置和虚拟位置,以及空间
内容所对应资产和用户锚定的持久性。

智慧空间网必须:

- 使用户能够安全地在虚拟网络"空间"内和跨虚拟网络"空间"
  的人与人之间进行注册、查找、购买、销售以及传输任何内容。
- 使用户能够将这些空间连接在一起,从而有机地发展出一个
  智慧空间网,访问者和虚拟物品都可以安全可靠地在两者之
  间移动。
- 安全的生物认证的人类身份和虚拟身份,及其典型代理或化
  身的个人资料信息、交易和位置历史记录。
- 启用基于位置的资产来源、持续性和验证,并允许资产维护和
  证明其唯一性、所有权和历史记录。
- 使人和机器都能读懂世界,并能进行协调和协作的生物、数字
  和虚拟交互。

但要真正实现这一点,我们需要在 Web 3.0 堆栈的所有三层之
间实现互通性。我们需要一个解决方案,允许在数据层、逻辑层和交

互层同时、实时地"共享现实"。这本质上是基于空间的"共享现实"，面向所有用户，具有数据可靠、可验证和安全的特定域的特征。这是通过在交互层、逻辑层和数据层的 Web 3.0 堆栈的所有三层中维护的共享数据模型来实现和管理的，通过作为所有三层之间的连接组织和通信标准的智慧空间网协议进行唯一连接。

交互层

虚拟现实、增强现实和混合现实的"空间"技术共同作用，使交互层充当体验共享数据层。这主要发生在我们的 Web 3.0 堆栈的交互层上，并支持共享体验层。人类、机器和人工智能都可以进行读写。

逻辑层

共享数据层的空间治理和业务逻辑是通过空间编程语言创建的，该语言可以由智能合约和人工智能的任意组合进行补充，从而使共享逻辑层能够管理任何维度中的任何交互或交易的标识、权限、凭据和验证。

数据层

数据处理和数据存储层，跨本地服务器和云服务器，以分布式账本写入、存储和验证记录。这些账本支持持久、共享和不可篡改的数据层，以允许安全可靠的交互和交易。

空间协议

超空间交易协议（Hyper Space Transaction Protocol，HSTP）连接 Web 3.0 堆栈的所有三层。这是确保 Web 3.0 是一个开放的网络

而不是一个封闭的花园的关键因素。它可以参考现实世界和虚拟世界的坐标,并以"跨账本"的方式安全地记录和验证人、地、物的位置。它涉及使用权和所有权,使虚拟物品在所有权方面可以交易和转让,也可以在现实世界和扩展空间内,跨现实世界和跨扩展空间的可重新定位性方面进行交易和转让。它通过将数据链接并同步到物理对象、用户和位置来创建智能孪生体。空间协议是将任何空间转换为Web空间的工具。它使"空间"变得聪明。

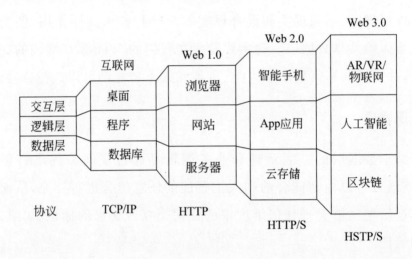

智慧空间网的标准

对于 AR 和 VR 中的空间内容,可在地理空间和虚拟世界中的任意空间进行搜索,并允许多用户跨任意数量的设备平台同时查看和交互,进行资产转移,而开发人员、创建者、用户只需要通用的标准化格式、语言和协议标准来满足这些需求。

与之前的 Web 一样,空间 Web 需要一种标准方法将节点联网,它将节点的概念扩展为空间中的任何物理或虚拟事物,利用开放标准来定义身份、地址、活动,以及记录和查询空间上发生的事件或"状态"的能力。这些是空间 Web 的关键架构需求。

域-地址(地址和空间的所有权:在哪里)

程序(谁可以做什么、在哪里、何时和如何做的规则)

协议(地址之间的通信:到哪里)

状态(谁做了什么、何时、何地和如何做的记录)

地　　址	程　　序	协　　议	状　　态
Web	HTML	HTTP	无状态
Spatial	HSPL	HSTP	有状态

让我们把它们分解,这样就清晰了。

空间域

　　Web 域名是标识互联网资源（如计算机、网络和服务）的一种方式。由于计算机的 Internet 协议或 IP 地址是数字的，以便机器可读；因此，为了让人类更容易记忆，创造了基于文本的标签。域名实际上只是一个地址。

　　我们用地址在互联网上定位设备，在网络上导航网页，或者在地图上导航建筑物。这些最多需要两个维度。然而人类事实上存在于第三维度中，并在其中进行各种活动。我们需要可以执行相同活动的数字地址。我们需要一个解决方案，描述（隐喻性地或字面上地）空间"地址"，我们真正需要的是一个三维地址或"空间"域。

　　我们周围的空间没有任何公认的、可访问的"地址"。从我们用来通信、导航、发送和接收邮件和包裹的实际邮政地址，到允许我们在网站之间发送电子邮件、拨打电话和浏览网页的数字地址，没有一项与该地址的实际空间位置有关系，目前还没办法整合物理和数字世界。目前所有基于网络的地址系统在对人、地、物进行身份验证和联网方面都做得不够。

　　地址示例：

　　建筑物的地址，是一个带编号的邮政（实际）地址

　　电话的地址，是一个电话号码

　　计算机的地址，是这个设备的 IP（网际协议）地址

　　网页的地址，是这个网页的 Web（域）地址

　　为了使空间网络化，然后对其中出现的事物和活动进行编程，我

们首先需要一个空间地址或空间域。

域名是一个字母或数字短语形式的标识符,用来表示地址。Web 域名是一个基于文本的名称,如 amazon.com,它指向一个 IP 地址,如 172.16.254.1,该地址是托管网站的服务器的地址。然而,一个空间域将指向一个由坐标构成的三维立体空间地址,该坐标可以在分布式账本上注册。空间域名可以是"乔尼咖啡馆"或"罗马竞技场"这类真实场所,也可以是"绿洲"或"霍格沃茨"这类虚拟场所。可以创建空间子域来表示空间域中的子空间。所有域都授予可以以数字方式强制执行的空间权限。空间域可以控制其空间中 AR 内容、物联网设备、摄像头和机器人的权限。

域名:涵盖行动、影响、知识或责任的领地、领域或范围。

难题:由于我们没有三维空间地址,因此无法在真实和虚拟的位置内或跨真实和虚拟位置授予空间权限、定义人类、机器和人工智能的权限和活动。

解决方案:启用空间域,它可以引用现实世界中任何虚拟环境或物理位置的三维空间地址。

好处:空间域授权其所有者在其域内确定数字内容和活动的权利、策略和权限。这些授权非常类似于在内容访问类型和用户交互方面向 Web 域所有者授权。

示例:

Joni 可以将她在纽约的咖啡馆的坐标定义为域空间"Joni's",然后将各个房间、厨房、餐厅等注册为子域。Joni 可以在她的咖啡馆控制 AR 内容、物联网设备、摄像头和机器人的空间权限。

在 VR 中,绿洲的空间域可以包含许多子域,如太古宙、Frobozz

和 Ludus。权力可以相应地分配。

空间域注册表

与现在管理 Web 域名注册活动的 ICANN[①] 类似,空间域名注册中心将使人们和组织能够注册并验证空间域名。例如,保罗和诺拉可能将他们的家园定义为他们在加利福尼亚的土地的坐标和尺寸,而他们的家园的实际空间则定义为子域。通常,会出现一个空间或企业的名称在世界各地的多个地方使用的情况。例如,在罗马和洛杉矶各有一个同名的体育馆。为了使空间域以标准化的方式组织并允许在多种情况下使用该名称,空间域注册表将包含其地址,包括国家、州和城市位置以及其他简要信息。

---

① 译者注:ICANN(The Internet Corporation for Assigned Names and Numbers,互联网名称与数字地址分配机构)是一个非营利性的国际组织。

空间规划

无论是 HTML 或超文本标记语言，还是后来的 JavaScript，都建立了标准化的方法来"编程"或布局，并为 Web 页面上的内容设置交互规则。但是随着空间计算的诞生和现在在三维空间中展示全息内容的需求，当前基于 Web 的标记或样式语言都不是用来"编程"空间或验证空间规则（这些规则对资产进行可编程交互或交易是必要的）的足够有效的工具。

超空间编程语言\空间契约

对于那些在空间中拥有资产的用户、设备和位置在它们之间交互或交易没有标准规则。物理位置、对象和人没有描述空间交互权限、使用规则、可搜索性或记录可跟踪性的标准方法。因此，您无法以开放和标准化的方式在虚拟空间和现实世界之间的位置和用户之间搜索、发现、查看、跟踪，交互、交易和转移资产。

HSPL 或空间契约是"契约即代码"—— 可编程、自动化和自动执行的软件，它将交易或服务协议从需要固定人工管理的静态文档领域中删除，并将其编程到空间交互中，以便通过正确的操作执行契约。

解决方案：启用一种空间编程语言或空间契约，它可以描述如何在虚拟和现实空间中进行定位，以及如何在用户之间搜索、发现、查看、跟踪，交互、交易和转移资产。

优点：支持跨时间和空间在虚拟和地理位置进行搜索、查看、跟踪,以及资产和空间的交互和交易,使对象能够包含所有权、跟踪、交互以及交易规则和记录。

示例:

承包商在 AR 中将建筑 1∶1 的三维模型投影到将要建造的空间中,作为现实世界的向导,引导工人逐步完成空间指令。每个任务的完成都会自动完成一个空间契约。施工完成后,工头根据建筑结构来检查模型,并确认是否符合规格,细致到每一个螺丝,检查员再确认是否符合规范。承包商和相关方在每一步和每一阶段获得批准后立即自动支付费用。

在东京旅行时,一位父亲发现了一个罕见的宝可梦角色,并为他年幼的女儿捕捉到了它。他把它传送到他在洛杉矶的家里供她玩耍,但限制它不得进入她的卧室。

空间协议

通用空间协议标准

为了与文本、媒介和网页导航进行交互而设计的 Web 地址,不足以作为开发下一代空间应用和 Web 空间(供人和物进行交互、交易和导航)的技术基础。它并不是为了集成 Web 3.0 时代的增强现实、虚拟现实、人工智能、物联网和分布式账本技术(DLTs)的不同技术而设计的。为此,我们需要建立一个新的空间协议标准,它与 Web 3.0 堆栈的每一层进行通信。空间世界需要空间协议,它是编织空间网的数字织带。

空间协议可以考虑栈的每一层的特性、属性和需求,以及整个栈协同工作产生的效果。它使 Web 3.0 能够同时具有空间性、认知性、物理性、去中心化和安全性,将堆栈的每一层编织成一个强大而连续的数字结构。

超空间交易协议

目前,通过 HTTP 协议访问 Web,在 Web 页面之间路由用户和内容。同理,我们的超空间交易协议(Hyper Space Transaction Protocol,HSTP)将在 Web 空间之间路由用户和诸如对象/资产之类的三维内容。

空间协议不仅是一种颠覆性技术,更是一种基础性技术,它被设计为支持下一代 Web 3.0 应用的数字基础架构。基础技术将解决各个行业之间的断层。它们使用户、对象(虚拟或物理)和信息能够在任何虚拟或物理空间内,或跨任何虚拟或物理空间进行交互和交易处理,从而使这些空间能够联网,以便用户、对象和信息像 Web 一样在它们之间无缝移动。但与现在的网络不同,一个由信息网页组成的网络被锁在屏幕后面,一个空间协议为我们所生活和运营的世界编织了一个网络,一个由体验式网络组成的网络将智慧空间网空间化。

HSTP 是穿越空间 Web 的解决方案。用户和智能资产可以在空间 Web 上的任意空间域之间转移或重新定位,使用 HSTP 在 Web 空间之间进行"超级移植",方法是允许将"超空间"链接放置在一个 Web 空间中,该 Web 空间可以链接到关于任何事物的任何信息,也可以链接到另一个 Web 空间。这与我们今天在 Web 网络上链接内容和网页的方式类似。

有了每个空间的地址和连接这些空间的协议,我们可以安全地将对象从一个空间移动到另一个空间,可以跟踪空间中的移动,还可以自动执行空间中的交易。

全维度

记录被存放在哪里，价值就累积在哪里。万维网的缺维度特性导致了它缺乏在数据层进行安全、可信和共享数据存储和访问的方法。这使得 Google 这些公司能够捕捉用户留下的"状态"或一系列事件作为其搜索索引的功能，就像 Amazon 的销售索引和 Facebook 的社交索引一样，使他们能够将用户的活动、关注点和行为货币化。这导致数万亿美元的价值在应用程序或逻辑层以及支持它的服务提供商之间进行整合。用户并没有得到他们为网络贡献的任何商业价值，开发网络的人员也无法实质性地将他们的成果货币化。

空间索引的价值毫无疑问将要比平面的信息大得多，而且应该成为所有人都可以使用的全球公用事业的一部分。由分布式账本技术实现的"全维度"空间索引对于在整个空间 Web 上，以当今 Web 上无法实现的方式生成、表示、分发和保护价值至关重要。这个协议的通证化代表了一个历史性的机会，可以将当初万维网建立时所没有的新网络协议货币化。

一个去中心化的、加密的、不可修改的、透明的空间索引允许用户保留他们产生的价值，让社区自治并将其创造物货币化，而数字代币可以驱动和验证大量的空间应用、交互和交易。一个支持分布式账本的全维度 Web 可以可靠地连接虚拟和现实世界的空间，跟踪价值，验证身份和位置，同时保护隐私和数据主权。这将允许一些强大的新功能的实施。

一个全维度的智慧空间网可以让人、物理空间和对象的智能数字孪生体在空间上可靠、安全地连接在一起。这样做的效果是,当一个对象或人进入或离开任何物理或虚拟空间时,可以自动执行空间契约,但必须受所有者或被核准的实体设置的一组空间权限的约束,这些空间权限将触发操作记录和/或启动交易。这使得空间 Web 成为任何形式的交互、交易或传输的可信网络。借助智慧空间和智能资产,人工智能能够使用计算机视觉、物联网和机器人技术看到、听到、触到、移动物理对象和数字对象。它可以用来引导无人机和自动驾驶汽车,限制对用户或机器人的访问,并跟踪智能资产从一个智慧空间到另一个智慧空间。智能合约和智能支付可以在虚拟和地理位置之间实现无缝和安全的交互和交易,让拥有智能账户的用户从一个世界到另一个世界转移智能资产,支付商品和服务,或因您使用商品和服务而获利。这就是给网络增添的巨大的力量。它实现了全新的功能和好处,包括人、地、物的标准化标识符,允许将超空间链接添加到任何对象或人的智能孪生体中,以便将有关任何事物的信息连接到事物本身。想象一个众人集合而成的"类似维基百科"的数据集,它链接到它在空间中引用的对象,而不是网页上的页面。将任何对象转换为一种全新的"Wiki 对象"。

智慧空间网的组件

智慧空间网协议套件是一个开放的源代码规范,它使用户、资产和货币能够在虚拟和地理位置之间无缝、互通地移动而成为通用标准。

实现开放、安全和互通的空间 Web 所必需的空间 Web 协议和标准应允许任何现实世界或虚拟空间成为 Web 空间,允许用户跟踪、交互和协作空间内容或连接的物理对象。该解决方案应支持跨平台、设备和位置的互通性,并允许根据分布式账本技术的需要进行验证和认证,在虚拟和真实的 Web 空间之间安全地购买和转移资产。

智慧空间网协议套件可以用五个组件来描述:智慧空间、智能资产、智能合约、智能账户和空间协议。

智慧空间

智慧空间是一个定义好的位置——一个虚拟或物理的"位置",由其边界、一些描述性和分类信息以及一个空间域和一组交互和交易规则(智能合约)来描述。智慧空间是"可编程空间"。

智慧空间具有语义感知、"知道"哪些用户或资产在其中(通过验证智慧空间中的交易),可以引用和验证与这些用户或资产相关的权限。智慧空间可以通过分布式账本进行安全加密,还可以控制用户、对象、软件或机器人可以使用什么。

难题:目前,无法可靠地为用户、人工智能、空间内容或物联网设备分配空间权限或权限管理,因为没有标准方法来识别、定位和分配空间活动的权限。无法跨现实世界和虚拟域搜索空间内容。

解决方案:使任何空间成为一个智慧空间,其边界由真实世界(纬度、经度和海拔/高度)坐标 0,0,0 或虚拟坐标($x/y/z$)定义,包括室外和室内空间。启用亚毫米粒度和第三方重新定位优化。智慧空间使资产能够跨虚拟空间和现实世界中的任何设备、平台和位置,在时间和空间上证明其位置、所有权和权限。它们是可搜索的,可以与用户或资产进行交易。它们可以支持多个用户和多个空间内容的访问通道。

优点:此解决方案允许多个用户在智慧空间(即虚拟和地理位置)中跨时间和空间搜索、跟踪、交互和协作智能资产。智慧空间是可编程的。

示例:

一对有兴趣在另一个州买房的夫妇,会虚拟地走遍有潜在(购买)意向房屋的各个房间,并把家具放在里面,看看是否合适。

长滩港通知买方,离开香港的货物刚刚到达。买方的账户自动向托运人付款,并扣除港口费用。

智能资产

智能资产是任何虚拟或物理对象,它有其唯一性的存在、所有权和位置的证明,因为它是在一个分布式账本上注册的,它包含一个有关它的描述、分类、所有权、位置、使用和交易条款和唯一历史记录的密码 ID。

难题：对象没有与对象本身同步和链接的历史记录、所有权、位置或权限的通用溯源或记录。它们不能跨位置、用户、应用程序、游戏或虚拟世界进行交易、共享、出售或转移。

解决方案：提供具有通用溯源的对象。对象有唯一性的存在、所有权和位置的证明，这就是智能资产。

好处：智能资产可以使用、交易、共享、出售和转让，但必须遵守一组可编程规则或跨位置、用户、应用程序、游戏和虚拟世界的空间契约。

示例：

一位女士坐在客厅里就能搜索上千家零售商，在下订单前"试穿"了三维虚拟版的手表、钱包和帽子。

一个修理队跟随前面的箭头穿过酒店的屋顶来修理空调。一旦到了那里，他们就可以在设备上看到该设备的历史维护记录，并通过全程可视化指导来安装新零件。

智能合约

智能合约是"合约即代码"（Contracts as code）——可编程、自动化和自动执行的软件，它将交易或服务协议从需要固定人工管理的静态文档领域中移除。

难题：对于用户、设备和具有跨位置资产的位置之间的交互或交易，没有标准规则。物理空间没有可用的标准规则集。因此，您无法在虚拟空间和现实世界中的位置和用户之间搜索、发现、查看、跟踪、交互、交易和转移资产。

解决方案：启用一组可编程的空间规则或空间契约，以确定谁可以在位置之间搜索、发现、查看、跟踪、交互、交易和转移资产,以及在虚拟空间和现实世界中的用户之间转移所有权。使"连接的"物理对象包含所有权、跟踪、交互和交易规则和记录。

优点:支持跨时间和空间在虚拟和地理位置进行搜索、查看、跟踪,以及智能资产和智能空间的交互和交易。

智能支付

智能支付支持可编程交易,可以自动验证和执行与空间内和跨空间的用户和资产之间的任何价值交换的支付。

难题:由于支付是不可编程的,因此交易需要冗长而昂贵的验证和结算,在现实世界中不容易实现自动化。这需要花费时间和金钱。此外,当某些交互(如机器之间的交互)可能需要少量的连续支付(即"可流动资金")时,缺少微交易将支付限制在高成本项目上。

解决方案:使用数字钱包和数字货币实现跨任何应用程序、虚拟空间或 Web 3.0 地理位置进行无缝、集成的自动化支付。为资产、体验、空间和服务启用微交易。允许用户、资源和空间使用钱包。

好处:智能支付使跨智慧空间网的自动、无缝支付成为可能。用户、空间和资源可以在获得许可的情况下彼此进行交易。这使得智能资产能够自主交易,并在全球范围内以低成本或零成本实现微交易。这与我们退出 Uber 的车时,或者进入 Airbnb 的家时,或者收到 Postmates 的订单时,所发生的空间交易一样。最根本的区别在于,在智慧空间网中,这些类型的空间交易是其智能支付体系结构的默认受益者。这种体系结构将催生智慧空间网经济,它可以为任何交易启用自主经济功能。

示例:

购物者走进商店,通过面部识别摄像头进行识别,拿取他们想要的物品,并在离开商店时通过他们的智能账户进行支付。

一个玩家用魔法剑杀死一条著名的龙,然后把剑带到另一个世界卖给另一个玩家;它的屠龙历史记录也跟随而去。由于这把剑杀死过各种有名气的敌人,在转售到各个游戏世界的时候越卖越贵。

智能账户

智能账户是用于空间浏览器和任何 Web 3.0 应用程序的单个用户账户,用于验证、存储和管理用户的身份、资产清单、用户和位置历史记录、钱包、货币和付款。

难题:用户没有当前 Web 网络中的单个账户或登录名,因此需要使用多个参与方的账户和登录名来创建个人资料以进行身份验证,以便访问第三方资源和服务。用户并不拥有这些账户。

解决方案:支持万维网联盟(W3C)分散身份规范(DIDs)的空间 Web 的单个智能账户使用用户能够允许第三方进行身份验证,从而获得授权来访问用户智能账户个人资料、智能资产和智慧空间,以及基于用户隐私和权限设置的交互、交易的历史记录。用户拥有自己的账户、数据、历史记录、清单和内容。

好处:智能账户能够实现跨空间和用户之间的私有、安全和无缝的资产交互和交易。

示例：

古巴的一名医学生虚拟地参加了一个由一位著名外科医生在布鲁塞尔主刀的手术之后,虚拟地进行了同样的手术,并接受这位著名外科医生和世界各地同行的评判。

联邦航空局认可的技术人员可以看到喷气发动机的三维虚拟副本或数字孪生体及其历史维修记录,进行维修并更新维修记录。

特点与优势

但是……有什么好处？

——IBM 高级计算系统部门的工程师

（1968 年评论微芯片）

But what…is it good for?

——Engineer at the Advanced Computing

Systems Division of IBM，1968，

commenting on the microchip

智慧空间网中的身份

身份的未来

可验证且可信的身份是实现人、地、物之间的交互、交易和传输的必要条件。

身份识别技术随着时间的推移而不断发展，从昨天的珠子和文身、书面文件和印刷的护照、身份证和出生证明，到明天的密码签名、面部和虹膜生物识别。我们使用这些工具是为了证明和主张我们是谁，我们来自哪里，我们拥有什么样的权利。身份是一种社会工具，它从根本上依赖于对建立和验证身份的系统和方法的信任。

世界经济论坛于 2018 年 1 月发布的白皮书《数字身份革命的开端》雄辩地阐述了历史挑战和关键的未来需求。

"历史上，与身份验证欺诈、证件被盗用和社会排斥相关的问题一直在挑战每一个人。但是，随着我们生活和交易的领域从最初的地缘经济发展到现在的数字经济，人类、设备和其他实体互动的方式正在迅速发展，我们管理身份的方式也必须相应改变。"

随着我们进入第四次工业革命，越来越多的交易以数字方式进行，一个人身份的数字表示变得越来越重要；这适用于人类、设备、法人以及其他。

对人类来说，这种身份证明是获得核心服务和参与现代经济、社会和政治制度的基本先决条件。对于设备而言，它们的数字身份在进行交易时至关重要，特别是在不久的将来，这些设备将能够相对独立于人类进行交易。

对于法人实体来说，当前的身份管理状态由低效的人工流程组成，这些流程可以从支持数字增长的新技术和架构中获益。随着数字服务、交易和实体数量的增加，确保交易发生在一个安全可靠的网络中变得越来越重要，在这个网络中，每个实体都可以被识别和认证。

身份是双方或多方交易的第一步。长期以来，两个身份之间的大多数交易的认证都不外乎几个方面：证书的确认（这是真实的信息吗?）、审核（信息是否与身份匹配?）以及身份验证（这个人/物与身份匹配吗? 您真的是您自称的那个人吗?）。这些问题并没有随着时间的推移而改变，只是方法发生了改变。在智慧空间网时代，一个历史性的机会出现了，它从根本上改变了我们将向谁提出这些问题以及我们将信任谁来回答这些问题的重心。

普遍的观点转变

在整个历史中，偶尔会发生革命性的范式（paradigm）的转变，进而改变我们对世界和我们在其中的位置的理解。在天文学领域，在15世纪中期发生了一个转变，这为引发科技革命，为工业和信息时代的到来奠定基础，并重新定义我们在宇宙中的位置。

这种转变是从今天被称为"地心说"的宇宙观开始的，"地心说"认为宇宙是一个以地球为中心，太阳、月亮、恒星和其他行星都围绕地球运行的世界；而"日心说"却认为，地球和行星围绕太阳系的中心（太阳）旋转。尽管地球可能绕太阳旋转，而不是太阳绕着地球旋转的想法，起源于毕达哥拉斯早期的思想……直到1543年哥白尼的《论天体的革命》一书的诞生,世界才意识到这一点。在接下来的一个世纪里,"日心说"的种子在亚洲、伊斯兰和欧洲的科学界不断生长,直到它最终在伽利略(根据对月球周期的观测)的证明下开花。因为他的历史性发现,伽利略受到宗教裁判所的审判,被指控反对教会,宣传异端邪说,违背圣经中关于创世和人类地位的论述。他被迫放弃发现的事实,甚至面临死亡的危险,最后被判处终身软禁。

伽利略到底犯了什么罪?他公开表达自己的信仰——相信客观和可观察的数据,而不是教会主观上的绝对正确。伽利略是最早明确指出自然规律是数学规律的人之一。他写道:"哲学被写在宇宙这本伟大的书上……它是用数学语言写成的,其特征是三角形、圆形和其他几何图形。"伽利略开创性的科学工作和"对数学的信任"开辟了通向最伟大的科学发明的道路,最终激励了笛卡儿和牛顿的工作,他们在哲学和物理学上的成就成为最终奠定工业革命基础的牢固基石。重要的是,西方世界从科学革命到工业革命的关键转变,是从对教会的中央集权力量的信仰,转变为对科学的可验证力量的去中心化信任,这是基于可观察的客观事实,而非不容置疑的迷信。

这一变化始于人们愿意改变视角,加上人们强烈的好奇心和不可抑制的欲望,他们希望找到一种更好的方式来更准确、更真实地描述现实。今天,我们有一个类似的机会调整我们的观点,创造接下来的变化,从而改变我们对世界、对自己以及未来几代人彼此的理解。

我们将需要像以前一样,从地心说,从迷信由中心控制的第三方才是有效验证和认证我们的身份和相关的数据的理想缔约方进行转变。我们需要从这种老旧的世界观中做出改变,在旧世界观中,我们围绕着 Web 1.0 和 Web 2.0 服务提供商各自的星球运行,因此严重受制于它们的用户协议、所有权和货币化体系。

在新的世界观中,我们由地心视角转向了日心视角,我们发现自己就像太阳一样,是我们自身数据系统的中心源头,在这里,我们以去中心化的方式验证和认证自己的身份,在这里,第三方向我们请求访问和授权后,才能向我们进行推广,使用我们的数据。这样它们才是在环绕我们的轨道上运行,让我们成为中心。

正如世界经济论坛白皮书的标题所表明的那样,我们确实正处于数字身份革命的临界点。就像科学革命改变了我们的宇宙模型(从地心说到日心说),在 Web 3.0 的数字宇宙中,我们必须将重心从以服务为中心转移到以数字身份以及随之而来的一切为中心的自我中心模型。

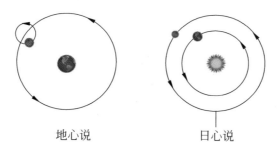

地心说　　　　　　日心说

每个人都应该能够决定关于他们自己的哪些信息,是作为个人在线资料的一部分收集的,他们应该能够控制谁可以访问这些信息的不同方面,以及以何种方式使用这些信息。在线身份应该保持其为用户提供多种控制方式的功能。

区块链技术通过将公司和政府掌握的个人数据的所有权归还给个人,从而使个人有权与他人共享其数据,并将其作为一项基本权利,从而为数字身份革命提供了希望。

对数学的信任

在《韦氏词典》(*Webster-Merriam dictionary*)中,信任被描述为"对某人或某物的性格、能力、力量或真相的可靠依赖"。可以说,信任是我们生活的中心导向因素和组织原则。我们相信谁?相信什么?何时?如何?为什么?这决定了我们所谓的人生成功。这是因为信任是任何(和所有)交互的中介力量。它是历史数据的记分卡,结合了可信关系图,以及新关系可能与当前关系或以前关系的接近度。当我们没有直接的历史数据时,我们通常依赖于我们信任的个人、组织和系统中的代理关系。关于"了解"在信任领域中的重要性,"黑手党"多年前就已经明白了。这就是为什么家庭成员通常是最值得信任和最有可能出问题的。我们的信任偏好缺乏可量化的有效性。

信任的主要目的通常是基于过去的成绩,证明它与未来活动的相关性。没有人会信任一个陷于困境的某人、某物或某系统。您要么信任,要么不信任;坚定的信任要么是明智的,要么是不明智的。在这两种情况下,结果都写进了时间的石碑。我们关心的是未来的信任。

在人类历史的大部分时间里,我们对现实的基本信任,是建立在经验感官数据和短暂的经验的结合之上的,我们对这些数据的解释以及我们如何确定其原因。人们可以称之为感官与精神之争。千百年来,人们一直在争论长期经验与瞬间经验作为现实信任基础的说法的真实性。但在这一过程中,第三个竞争者已经悄然进入数字化领域。

随着我们对数字格式的信任越来越多,我们对感官或精神指引的信任并不像我们对数据的信任那样。

如今,特斯拉电动汽车的司机有三种驾驶选择:

(1)由自己开车:相信感官。

(2)让上帝开车:相信精神。

(3)自动驾驶。相信数据。

我们将越来越多地依赖数据来了解和推动我们的世界、我们的市场、我们的能源以及交通、健康、娱乐的运营和活动。数据完整性以及我们查询其来源和历史的能力,将是我们未来信任任何真正重要事物的能力核心。

最后,通过将数据所有权从公司和政府转移回个人,不仅个人能够相信,他们使用的数据可以通过去中心化的机制得到验证,而且组织和政府也可以相信,他们已经减少了自身因存储此类敏感个人信息而面临的责任和风险。

设计隐私

智慧空间网必须实现"设计隐私"。设计隐私提供单独的控制、信任和安全。实现匿名性和可审计性。它利用加密安全的数字身份来"不受信任地"完成以前需要交换个人数据和层层验证的交互和交易。使用智慧空间网协议套件,可以通过分布式分类账本中的记录来验证每个人、地、物和交易的出处。

智慧空间网身份架构确保了"设计隐私"是一个基本原则和核心体系结构,个人拥有不可剥夺的、控制自己数字身份的权利。每个人都精确地管理作为联网的个人资料或服务的一部分而收集的个人信息,并定义谁可以访问这些信息,以及在任何物理或虚拟空间中使用这些信息的具体方式。

智慧空间网账户的持有人应有绝对权利在任何时候界定对其数字档案完整内容的有限制访问。在线身份服务可以被特别地维护,以方便、安全的方式管理多个控制层,因为缺乏足够的灵活性和透明度,对联盟网络身份系统中的信任将降至最低。

互通的 ID

一个 21 世纪的数字身份系统需要创造跨越国界和虚拟界限的全球身份,而不失去用户的控制。由于持续性和自主性,全球身份将可以变得持续可用。当然,这些标识并不局限于人类。它们可以应用于所有的人、地、物,无论是物理的还是虚拟的。

要在智慧空间网上注册任何用户、空间或资产的身份,个人或组织必须首先创建一个账户,并根据万维网联盟(W3C)标准请求全局唯一的"去中心化身份"(DID)。DID 可以存储在一个区块链上,区块链上有抗量子攻击的加密私钥,这些私钥可以与生物特征标识和特定位置锚定结合起来,以提供多因素空间身份验证,从而提供更大的弹性来对抗女巫攻击①和其他类型攻击。

把它们看作是人、地、物的超级安全 URL,而不仅仅是页面。

预计到 2025 年,物联网设备的数量将达到 750 亿台,不久之后将开始接近万亿台。通过标准化由 DIDs 支持的信任所促进的数据模式,每个物联网设备可以包含自己可验证的 DID 活动,无人机、摄像

---

① 译者注:女巫攻击(Sybil Attack)是指利用社交网络中的少数节点控制多个虚假身份,从而利用这些身份控制或影响网络的大量正常节点的攻击方式。

机、汽车或机器人可以通过空间权限进行管理。本质上,使空间契约能够定义"这些 DID(无人机)在这一天/时间/天气等情况下,允许进入这个 DID(加利福尼亚州圣莫尼卡的空间域)区域"。物联网中所有设备都具有标准化的 ID 意味着全球数据共享和市场的兴起。这将实现一个设备的全球网络,其中空间允许的数据可以从机器传输到人,也可以从一台机器传输到另一台机器。这种安全货币化数据的自由流动,就像地球的中枢神经系统一样,可以在社区、公司、城市和国家之间实现人类、机器和人工智能之间的效率生态系统。

数字产权

财产可以是有形的,也可以是无形的。根据法律,财产可以归个人所有,也可以由一群人或法人实体(如公司或社会)共同所有。根据财产的性质,财产所有人拥有消费、更改、分享、重新分配、出租、抵押、出售、交换、转让、赠送或销毁财产的合法权利,而且这些活动具有排他性。

产权最初是为土地(不动产)而发明的,然后是思想(知识产权)。直到最近,产权才延伸到数字世界。智慧空间网协议套件提供了一种标准且开放的方法,使数字财产的所有者能够将财产所有权分配给各种形式的数字数据,然后在区块链上记录这些所有权的来源。这创造了安全的数字财产,以及围绕数字财产的二级市场,最终发展成为数字经济或虚拟经济。数字权利对于这个新兴经济的重要性,正如物理和知识产权对于我们传统的农业和工业经济的重要性一样。

智慧空间网使人们能够应用我们在物理世界中建立的同样的所有权原则(例如,拥有建房屋建造用地、拥有可以数字化表示自己、自己的个人数据和三维数字对象的物理实体)。因此,数字财产包括与我们的身份、化身、虚拟空间和数字资产相关的数字信息,包括它们的所有交互、交易、合同权利和历史位置记录。当使用分布式账本通证化后,物理或数字财产可以允许多方拥有财产或资产的一部分。

智慧空间网模糊了我们对物理和知识产权、合同权利、货币化、地理围栏和数字商品可交易性的理解,这需要我们重新考虑它们的定义和执行方式。

　　智慧空间网为可交易和可移动的数字化资产带来了新的经济模式,这些资产将虚拟和物理地结合在一起,使数字世界从屏幕中一跃而下,以前所未有的商业模式进入物理世界。随着分布式账本技术的集成,新一代安全的资产数字交易和沉浸式体验成为可能。

智能资产

　　如前所述,智能资产是一种数字财产,使用分布式账本来保护和控制其发行、所有权和转让,而不依赖于任何集中的第三方注册中心。智能资产可以是任何东西——二维、三维、数字、物理、虚拟、人、动物、设备、信息,等等。

　　智能资产由一个通用资产 ID 文件定义,该文件包含有关该特定的、唯一资产的所有相关信息,该资产可以由谁、何时、何地以及如何使用。它被登记在一个分布式账本上。一个智能资产 ID 可以引用它的所有相关信息和相关文件,如它的三维模型 ID 及其元数据,包括创建时间、价值、描述、使用规则等,通过在分布式分类账上注册该元数据,证明存在性,所有权的真实性,可以确定和验证以前或当前的地理位置或虚拟位置。此智能资产 ID 还可以显示与其他资产的关系(例如,智能资产可以有较小的子级和/或是较大的父级智能资产的一部分)。

　　然后,可以使用智能合约来管理资产的使用权限,确定谁可以在智慧空间内或智慧空间之间搜索、查看、交互、交易、跟踪和转移资产。人们在查看一个智能资产时,可以指定详细的信息,如相对坐标、姿势和方向等。智能资产包含对资产"内部"的所有权、位置和使用规则的可靠审计跟踪。

数字事物的"真正"所有权

当我们购买歌曲、视频或应用程序这类数字产品时,在线商店用我们的财产清单来管理数据库。该产品由该公司授权,通常仅限于其专有来源平台使用。他们的许可和/或用户协议的条款可能意味着他们不仅拥有产品,还拥有与产品使用相关的所有数据。

相比之下,如果某人购买了一项智能资产,他将拥有它。与实体产品一样,所有权完全独立于购买它的商店。智能资产可以永远属于您,没有人可以拿走它。

数字稀缺(双花问题)

人们很早就把钱投资到收藏品、艺术品、雕塑、硬币、钻石之类的稀有物品上。物理世界中的投资级资产可能非常昂贵或不可能复制,因此原始资产可能会随着时间的推移而增值。然而,传统上很难可靠地证明数字资产是稀缺的,因为它只是由计算机代码组成,可以以接近零的成本无休止地复制。

计算机给了我们可编程的、数字化的丰富性,但我们也需要具备创造可编程的、数字化的稀缺性的能力,这使我们能够模仿现实世界中的各种商业模式。区块链提供了解决方案,确切地告诉我们有多少资产的副本或可以在以后的某个时间发布。基于区块链的属性使得发行规则透明化,消除了信任发行人的必要性,从而提供了对发行数据和数字稀缺程度的绝对信心。

数字溯源

溯源(出处)的概念起源于美术界,它描述了用来证明一件艺术品没有被篡改、伪造、复制或被盗的证据。使用基于 VERSES 区块链的资产注册,智慧空间网现在可以默认地为数字资产提供溯源,并为新兴的数字经济提供空间。

可转让性和可转移性

数字资产溯源使得资产的所有权可以在各方之间转移。空间域来源允许资产在位置之间转移。用户身份溯源允许用户在现实世界和虚拟位置之间转移资产和自身。这意味着一个超空间链接可以允许一个对象或用户,如在电影播放器一般,"超级传送"(hyperporting)到一个虚拟位置,或从一个虚拟位置到另一个虚拟位置。在物理世界中,空间契约可以让对象或用户在物理世界中传输,就像 Uber(优步)或 Postmates(同城快递)今天自动执行的那样。本质上,对任何人、地、物都有通用的标识和寻址能力,允许您转移所有权和位置。

空间产权

Web 3.0 中最重要的产权类型之一是数字空间的所有权和控制权。无论这是一个有形资产的数字不动产还是一个虚拟不动产,都必须适用类似的规则。

在美国,财产买卖和使用的自由受到第五修正案的保护,该修正案将财产所有权视为个人权利、经济增长和发展以及社会固有自由的基石。空间域提供了一种数字所有权形式,允许持有人对其空间的数字使用以及向谁、什么和何时授予访问权,显示或出售内容,拥有绝对控制权。随着越来越多的世界被数字化,空间财产权可能成为历史上最重要的财产权,不仅控制谁或什么可以访问我们的空间,而且还控制哪些内容可以显示,甚至控制交易的方式和地点。

数字商务的诞生

早期互联网最有价值的贡献是去中心化连接,任何计算机都可以使用标准互联网协议加入网络,因此,互联网诞生了。接下来是1990年创建的万维网和一套新的"超文本"协议,这些协议进一步去中心化了通信,导致了超文本网站的激增。2005—2006年,Web 2.0(社交、移动和本地网络)通过智能手机,并通过 Facebook、Instagram、YouTube 和其他社交媒体平台向用户分发内容,实现了去中心化内容创建、共享和可移植性。2010年以后,随着分布式账本和加密货币技术的引入,我们看到了下一代去中心化的曙光。

数字加密货币

加密货币(cryptocurrency 或 crypto currency)是一种数字资产,旨在作为一种交换媒介,使用强大的加密技术保护金融交易,控制货币滥发,并验证资产的转移。加密货币使用去中心化控制,而不是集中的数字货币和中央银行系统。

每种加密货币的去中心化控制都是通过分布式账本技术实现的。通常,区块链这类分布式账本技术用作公共金融交易数据库。

比特币于2009年首次作为开源软件发布,被普遍认为是第一种去中心化的加密货币。自比特币发行以来,人类已经创造了数以千计的 altcoins(比特币或其他加密货币的替代变体)。没有人确切地知道,我们最终是否会拥有一种占主导地位的加密货币,或者每一种可能的类别都有数百万种加密货币,在各种全球交易所之间实时地来回兑换。但有一点是肯定的,一种高度安全的数字交换媒介,可以通过编程设计来适应未来人类、机器和虚拟经济体之间的各种交易,这意味着互联网已经找到了自己的商业模式。

Web 3.0 将带来信任、金钱和价值本身(即商业)的可转移性的去中心化。到目前为止,用户必须离开网络,通过中心控制的中央银行完成商业交易。在 Web 3.0 中,商业最终是一种去中心化协议,因此是数字原生的。

	互联网	Web 1.0	Web 2.0	Web 3.0
去中心化				连接
线上			连接	传递
		连接	传递	内容
	连接	传递	内容	商业
中心化	传递	内容	商业	
线下	内容	商业		
	商业			

我们目睹了连接、传递和内容的去中心化,但互联网的最新手段是将商业转化为互联网的"原生特征",把自己的虚拟货币编织进智慧空间网的虚拟结构中,无论任何人或物,或在任何地方,任意两个钱包都可以进行交换,完全不需要中介。在 Web 2.0 中,我们有一个全球网络,在这个网络中,Web 与外部全球经济体交互。在 Web 3.0 中,我们得到了一种独特的网络经济,即 Web 成为自己的经济体。

在 Web 3.0 时代,智慧空间网实现了利克利德关于"向所有人开放的电子网络"的最初设想,这是一个开放的网络,使人类能够以各种形式全面获取全世界的公共价值(知识、权力、财富等)。Web 3.0 通过连接、传递、内容和商业,为全球任何地方的个人提供了参与和交换公共价值的手段。互联网将价值从集中控制者转移到由对等个体组成的创作、分发和发布网络,这是它的核心"价值主张"。互联网是一个去中心化的引擎,它在下一代 Web 3.0 中将发挥真正的潜力。

20 世纪 90 年代,互联网"扰乱"了邮件、出版、电信、旅游甚至零售等行业和服务的"通信"。它前所未有地将人、信息和企业联系起来。它从本质上是使得信息的流动和获取去中心化。互联网本身就是一种网络化的信息库,通过一种数字图书或带有"网页"的"浏览器"访问。

在 Web 2.0 中,第二次互联网浪潮"扰乱"了音乐、电视、视频和照片等"内容",并通过社交网站、博客、Wiki、视频共享平台和数据存储网站实现了点对点共享。它还开创了移动计算时代,这使得基于位置和众包的共享技术"扰乱"了交通(Uber)、住宿(Airbnb)、劳务(TaskRabbit)和食品配送(Postmates)等"物理"服务。

地理定位(GPS)技术融入我们的智能手机,以及移动应用和操作系统的引入,重塑了我们的数字生活。这些新技术使我们能够在任何地方几乎实时地轻松共享和享受网络、照片和视频的内容,就这样,不仅连接了我们的设备,而且还连接了我们本身。或许更重要的是,"现实世界"的元素——人、地、物都变成了数字连接。"定位"搜索超过了智能手机所有搜索请求的 60%。

知道人、地、物在哪里意味着人们可以更容易地到达某个地方,而物品可以更容易地到达人们身边。这种数字和物理的结合是如此的不费吹灰之力，但它已经成为我们生活中不可或缺的一部分，我们离不开它。我们还没有完全承认这一创新。在这种情况下，数字内容不是这些交互的驱动力；内容的相关性现在基于一个已经出现的、更为关键的因素——场景。

电子商务推动了网上购物。在过去的 20 年里，电子商务的年支出已经增长到 3.5 万亿美元。有人认为，中国是世界历史上增长最快的经济体。但电子商务并不是真正的数字商务，也不是一种经济。为什么？

因为支付的授权、存储、传输和审批系统不是"在线的"。一长串拥有 45 年历史的电信网络（中介服务提供商、银行、网关和金融机构）为您的资金提供授权和"路由"，并从中收取他们惯常的服务费用。仅国际转账一项就要额外支付 25% 的费用。此外，货币本身由国家、中央银行和政府拥有、控制和管理。这往往会导致货币操纵、高通胀、高利率、货币贬值和银行救助。电子商务是一种在线发起交易的商务，但其所有权、存储、传输和记录都是离线进行的。

在 Web 2.0 中，我们拥有一个与外部全球经济相连接的全球网络。电子商务是一个访问网络的游客。在 Web 3.0 中，我们将拥有网络经济，即经济本身就是源自网络，是一个数字化经济体。

我们已经见证了计算、通信和内容的去中心化，但互联网的最新行动是将商业转化为一种对等交换的网络"本地特征"，并直接编织到智慧空间网的虚拟结构中。

弗吉尼亚理工大学（Virginia Tech）科学、技术和社会学副教授珍妮特·阿巴特（Janet Abbate）在其开创性著作《发明互联网》中写道："人们不会因为不安全而闯入银行。他们闯入银行是因为钱就在那里。"她接着说,关于早期互联网的设计者和创造者,"他们以为他们在建造一个教室,然后变成了一个银行。"但网络并不是被设计成一个银行。电子商务是一名"黑客"。

这次"黑客攻击"的价值已达数万亿美元。想象一下,在智慧空间网的核心协议层支持商业活动,我们可以创造多少价值。

想象一下它可能被使用的所有新方法。

万物皆可虚拟化

在智慧空间网中,将创建数十亿个新的虚拟资产、环境和体验。此外,数万亿个数字传感器将嵌入我们的家电、汽车、家庭,甚至我们的身体。大量新的三维扫描"真实世界"的物体和位置都将"虚拟化",历史上的人物、物体和环境将从书籍、漫画、电视、电影和游戏的屏幕上跳跃到我们周围,在我们中间漫步。因此,虚拟资产将成为历史上最大的资产类别。为了让我们从它们的价值中获益,它们将需要一种安全的、可互通的方法来证明其唯一性和所有权,以及一种在游戏间和世界间的贸易以及虚拟和真实地点之间可移植性的方法。

数字化设计的三维模型

自 20 世纪 70 年代初三维计算机图形学诞生以来,已经创造了数十亿个三维模型。Autodesk 等公司的程序主导了三维模型的创建工具。

这些工具和他们创造的模型几乎应用于我们今天生活的所有方

面,涉及许多不同的行业,包括电视和电影、视频游戏、市场营销、广告和虚拟现实。它们还用于产品设计、建筑设计和建筑、土木工程和城市规划,以及环境和科学模拟。如果您环顾您现在所在的房间,您周围的大多数物体都被设计成计算机上的三维模型。今天打开电视,观看任何广告、节目或玩任何游戏机,您会看到计算机生成的三维物体、徽标、环境和角色。从钢铁侠套装到欧乐 B 牙刷,再到最新的 iPhone,再到新款的宝马汽车,一切都是用计算机设计的;它们都是三维模型。

如今,有许多三维资产商店,它们在 Unity、TurboSquid、Sketchfab 等平台上销售的物品数以百万计。他们都出售预先制作好的物品、环境、角色等,这些东西充斥着我们的游戏、电影和电视节目。但在 Web 3.0 中,这些资产可以在数百万个 AR 应用程序和 VR 世界之间进行传输,而这些将构成智慧空间网。与我们许多文字、照片、音乐和电影不同,数十亿的三维模型有一个重要的共同点。它们不是联网的,而是在孤立的数据库中。它们并不唯一,不易销售或分发,而且还不是因特网的一部分。但您能想象当它们联网,并且具有唯一性、易于销售和分发时,会释放出的潜在价值吗?

数字扫描和孪生模型

下一类虚拟资产已经开始出现,并有可能最终超过"设计模型"类别,它们是扫描和连接的虚拟资产。它们使用扫描技术,结合计算机视觉和深度感测摄像头来创建预先存在的物体、环境,甚至人的三维模型。这些三维扫描技术历来都是价格不菲、组装复杂、使用笨重的,但最新的智能手机,其硬件中包含这些新的摄像头和人工智能芯片,并且软件和功能内置于其操作系统中。这将允许下一代用户在默认情况下创建物体、人和环境的真实扫描。想想看,随着下一波搭载了这些实时扫描技术的智能眼镜、无人机和自动驾驶车辆的出现,您可以看到世界上许多物体、环境和人将很快拥有自己的超现实三维模型。

随着越来越多的物体被计算机化,我们可能会看到数万亿个既超现实又相互连接的物体。如前所述,物联网及其连接设备的所有权和使用数据应在分布式账本上得到保护,但我们如何实际访问这些数据,查看这些设备并与之交互呢?

数字孪生体是与物理资产、流程或系统相关联的数据的三维数字副本或表示。可以说,任何数字表示都可以被视为数字孪生体的一部分——从基于文本的诊断信息到二维蓝图、示意图和图片,再到代表任何项目(甚至人类)的所有状态、条件和历史的完整三维副本。然而,现在大多数的描述都趋向于三维或空间表示。它们是工业和企业数字化转型演进的一部分。

把数字孪生体想象成一个高度精确的虚拟模型,它与物理事物完全对应(或孪生体)。这个"东西"可以是冰箱、汽车、心脏,甚至是一个由工厂、零售店或整个城市组成的网络系统。物理资产上的计算机视觉和连接的传感器收集可以映射到虚拟模型上的数据,允许数字孪生体显示物理对象在物理世界中如何运行的关键信息,呈现当前的实时状态和活动以及历史状态。

由于数字孪生体将过去机器使用的历史数据集成到其三维数字模型中显示,因此数字孪生体可以包含资产的整个历史,包括来源、制造、物流、零售、家庭使用、处置和重新调整用途。它可以使用传感器数据来传达其运行状态的各个方面。一个数字孪生体可以从其他类似的机器、其他类似的机队、更大的系统和环境中学习，它可能是其中的一部分。数字孪生体可以将人工智能、机器学习和软件分析与数据结合起来，创建动态数字仿真模型，随着物理模型的变化而更新和改变。

尽管数字孪生体主要用作显示对象实时信息和历史生命周期的三维视图的诊断工具，但通过添加人工智能，数字孪生体可以用作运行模拟和预测分析的模型。它也可以作为物体本身的全息界面，为人类或人工智能提供编辑、更新或编程其动作的手段。您可以想象一个外科医生或技术人员使用机器人的数字孪生体来执行远程手术或修复设备。

在智慧空间网中，数字孪生体的完全实现形式是物联网设备、对象、环境或人的化身，可以通过 AR 或 VR 与全息图连接，并可以手动和远程控制。如果它是一个物理对象或机器，则可以通过人工智能来实现自动化，人工智能的动作可以在智慧空间网内通过智能合约进行验证，并通过机器人来驱动。这可以称为"智能孪生体"，因为它的所有历史记录和数据都通过分布式账本安全存储和可靠评估，允许不同用户使用，并在数据市场上实现货币化。智能孪生体是智慧空间网的"杀手级应用"，因为它使用了所有 Web 3.0 技术堆栈。

智能孪生体对地球上每一个人、每一个地方、每一个事物、每一个过程、所有交互、交易和移动状态的影响，整合到一个相互连接的网络中，可能会导致整个星球的智能孪生体比例为 1:1。一个行星级的智能孪生体能够体现地球资源的所有利用、地球所有能量的流动、地球物理、经济和社会系统的所有活动、地球居民的所有活动——他们的希望、梦想、尝试、失败和成功。在 Web 3.0 时代，"世界变成了网络"。

但这只是一个世界，它只存在于物理领域。即使我们在下个世纪成为多行星物种，那也只会将我们的数字孪生体扩展到物理星系。但虚拟现实已经创造了整个宇宙，充满了我们的想象。

世界建设者和人工智能生成器

Minecraft（我的世界）是一款流行的沙盒视频游戏，通过玩家的设计和参与，可以在三维程序生成的世界中用各种数字块构建东西，这是一种类似乐高建筑的游戏空间。到了2019年，关于Minecraft，需要注意的重要一点是，由100万儿童组成的年轻一代已经长大，他们设计和建造了一个总规模几乎是地球8倍的整个虚拟世界。

这不仅仅是一个儿童游戏，它是一个世界级的、伪装成游戏的土木工程项目。它创造了一代世界建设者。

Minecraft和其他多人游戏世界、电子竞技以及轰动性的《堡垒之夜》（Fortnite）这类游戏（包含动态化身和堡垒建设、社区战斗等元素），每月的活跃用户达到数亿之巨。他们创造了数十亿的销售额，激励整整一代人去建立新的世界、物体、资产和角色，这些都对他们的社区有着不可估量的作用和价值。但这些游戏、电子竞技、虚拟世界和MMORPG①每一个都是孤立的世界。用户没有在他们之间移动或在他们之间转移物体和资产的通用方法。但是随着智慧空间网的发展，它将能够为物体、着色器、角色和力量建立可移植性和渲染标准，从而使20亿全球玩家能够找到新的连接、移植、混搭，并建立共同运作的新世界的方法。

---

① 译者注：MMORPG（Massive Multiplayer Online Role-Playing Game），至今尚未有正式中文译名，比较常见的译名是"大型多人在线角色扮演游戏"。

但是,即使是数十亿的玩家和建设者共同努力,建立数以百万计的虚拟世界智慧空间,所有这些智慧空间都作为智慧空间网上的网络空间相互连接,与人工智能很快创造的智慧空间网相比,也将黯然失色。

生成设计

尽管计算机生成的程序图形已经存在了几十年,但随着基于PlayStation 4 和微软 Windows 的动作冒险生存游戏《无人深空》(*No Man's Sky*)于 2016 年在全球发布,媒体才开始真正注意到了这一点。该游戏使用一个算法程序生成系统,可以生成宇宙生态系统中的行星,每个行星都有自己的生命形式和外来物种,供玩家进行战斗或贸易。这个游戏中有多少颗行星? 超过 18 亿亿颗独特的行星。根据该游戏的维基百科页面,"在该游戏正式发布的一天内……玩家注册了 1000 多万种不同的物种,超过了迄今为止地球上确定的 870 万种物种。"

所有人都在猜测,《无人深空》或任何其他程序生成的游戏是否能够吸引和维持玩家。这里要注意的是,程序和生成算法在凭空创造沉浸式和动态体验方面的威力之大令人难以置信。但是当您把程序算法技术和人工智能结合起来时会发生什么呢?

生成性对抗网络与生成性人工智能

生成性对抗网络(GAN)是一类用于无监督机器学习的人工智能算法,由两个相互竞争的神经网络执行。一个网络生成一个事例

（generative，生成器），另一个网络评估这个事例（discriminative，鉴别器）。例如，GAN可以学习生成树的图片。生成器尝试创建一棵树。而鉴别器已经获得了成千上万张树的图片供查看，并且知道树应该是什么样的。直到鉴别器真正知道树不应该是什么样的，能够生成树的图像并"欺骗"生成器，生成器才被认为是"失败"的。就这样经过千百万次的尝试，两对模型不断对抗并不断改进，直到得到一个非常完美的结果。

GAN已经被用于制作具有照片级真实感图像的样本，以便将新家具、鞋、包和服装等可视化。DeepFakes之类的软件就是运用这一技术来修改视频，在场景中"换脸"（给一个人换上另一个人的脸）。这类人工智能之所以被称为"生成型"，是因为它能够对数据集进行逆向工程，识别和提取数据所包含的任何模式、样式、形式或功能，然后生成输出。

生成性人工智能（GAI）可以混合、匹配、修改、编辑和算法生成任何图像、声音、物体或场景，并以二维或三维形式将其数字化为文本、音频、视频或图形。它甚至可以将其编码为软件或三维打印。GAI甚至可以用来生成代码，为特定的应用程序生成软件。利用三维打印、CRISPR基因编辑和相关技术，生成材料可以从零开始渲染有机分子、假肢和其他物品。

在智慧空间网中，GAI能够创作动态音乐、灯光、音效、对话和复杂场景，很快将被用于自动生成具有场景意义的叙事弧、完全交互式和沉浸式的AR和VR环境、架构、产品和角色。通过使用我们界面上提供的许多情绪跟踪指标和生物标识，这些体验环境可以完全个性化，或使其适应社会或环境条件。

智慧空间网将改变我们创造艺术和文化，设计和创造产品，构建环境,增强我们的身体,体验和共享虚拟领域的方式。新一代人类选择在虚拟世界中创造、娱乐和工作,将挑战我们对地方、经济、社区和自我价值的认知。人工智能惊人的能力将产生充满独特环境的整个宇宙,其中充斥着智能角色和场景,可以在接近无限的规模上实现新颖的体验,这将为我们的子孙后代重新定义"现实"这个词。

场景沉浸式广告

网络广告的死亡螺旋

有人认为广告是"毁掉"Web 网络的东西。许多大型科技公司的创始人都痛恨通过广告将其服务和应用程序货币化的观念；他们希望通过原始服务的功能推动参与度。Google、Facebook、YouTube、Instagram、Twitter、Snapchat 和 WhatsApp 都做到了基于其核心服务的大规模用户增长。但除了对他们的服务收费外（这将大大减少他们的用户群），销售广告是在网上获得经济成功的唯一其他选择。随着时间的推移，出现了用户数据市场，这使得广告商能够更有效地瞄准用户，广告越来越有针对性。如前所述，Google 在 Web 1.0 中构建了一个搜索图，Facebook 在 Web 2.0 中构建了一个社交图，他们能够以意想不到的方式将这些图货币化。

参议员奥林·哈奇（Orrin Hatch）在国会听证会上就剑桥分析丑闻和俄罗斯间谍可能操纵 Facebook 广告平台一事发表讲话，他问道："如果 Facebook 的一个版本永远是免费的，您如何维持用户无须为您的服务付费的商业模式？"马克·扎克伯格（Mark Zuckerburg）的著名回答是："我们经营广告。"将来回顾这段历史，这或许会是 Web 2.0 时代的口头禅。

超现实的威胁

智慧空间网可以对个人广告市场提供超针对性，其规模也会比它的前辈要大很多倍，但它的经济价值和社会价值是一柄双刃剑。

《超现实》(*Hyper Reality*)是松田庆一(Keiichi Matsuda)拍摄的一部概念片，影片展示了一个沉浸在未来世界中的女性一天的生活，她的视野充斥着游戏、Google 等互联网服务和各种其他功能，同时，随着她在城市中的移动，不断涌现出大量的广告。这是数字消费中的一种艺术展示，同时也让人因无可躲避而深恶痛绝。这部电影完美地展现了那些我们很不希望 Web 3.0 带给我们的东西。

同样，在史蒂芬·斯皮尔伯格的电影《头号玩家》中也有这样一个场景，影片中公司对手分享了他们在绿洲(一个相互关联的 VR 世界)的货币化战略。他说："我们的研究表明，在诱发癫痫发作之前，我们可以用广告充斥某些人的视野达 80%。"这两个例子充分显示了在逐利心疯狂的驱动下，受众只能受人摆布、无力反抗。更令人担忧的是，眼球跟踪技术的突破，以及监测瞳孔扩张、情绪和其他生物特征的生物识别追踪器，将使沉浸式媒体成为有史以来最"个性化"的广告媒体。

当然，巨大的市场机遇就在这里，但伦理问题更为突出。小时候，冰淇淋是治疗学校糟糕的一天或输掉一场小联盟比赛的常用药。那么，如果您看起来有点情绪低落，广告商利用您现在的情绪数据向您推销冰淇淋又有什么害处呢？这似乎很无辜。但如果他们也知道您正在节食，或者您表现出抑郁的迹象，因为您的减肥目标继续失败呢？那可以给您冰淇淋吗？嗯，酒精或处方药怎么样？或者干脆向你推销枪？当然，个人必须有经济能力和责任对自己的健康和生计做出正确的决定，对吧？真的对吗？

我们可以想象类似的场景，从非常有用到难以置信的破坏性，达到任何可以想象到的范围。

幸运的是,智慧空间网允许用户维护一个主权 ID,该 ID 可以安全地存储和批准哪些广告商可以访问哪些信息。这些信息可以按地点、时间、心情和/或购买周期有条件地设置。这对广告商来说实际上是个好消息,因为他们很难在正确的时间用正确的广告来瞄准用户。这是因为他们从许多不同的供应商那里购买了一套拼凑而成的数据,试图为您提供广告。然而,在许多情况下,它们购买的是坏的或假的数据。他们通常是针对那些甚至不存在的用户,他们只是机器人,或者他们不知道您在购买周期中所处的位置,所以他们根据您一周前浏览的产品在网络上追逐您,然后在其他地方购买,从而浪费了金钱。

隐私法律和法规,如欧盟通用数据保护条例(GDPR)标准和 2018 年加州消费者隐私法,都是里程碑式的法规,将对处理个人数据不当或不允许用户从其服务中删除数据的科技公司处以重罚。但是,如果能够直接获得用户提供的准确数据,这些数据是正确的、经过验证的、最新的,广告商将得到更好的服务。而且用户提供的大部分数据可以很容易地由个人人工智能管理。

广告如何成为商业

在 Web 3.0 时代,广告业最大的讽刺可能是它从超语境广告向超语境商业的转变。这是因为智慧空间网允许任何人、地、物拥有自己的数字钱包,并以数字货币甚至小额支付进行交易。这种转变是怎么发生的? 在现实世界或虚拟世界中,您可能会遇到一个广告,而这个广告也可以很容易地成为数字商品、产品或体验的销售点。

例如,假设您在纽约未来时代广场的中央。您有最新的 AR 硬件,可以通过通用空间浏览器访问空间 Web。根据您提供给范围内任何广告商的个人资料,您会看到一组个性化的广告牌和全息广告。您不感兴趣的广告商和产品甚至不会出现。您的个人人工智能会阻止任何不在您的喜好或兴趣范围内(预设的)的广告或产品。这个场景看起来类似于电影中的场景,比如《银翼杀手》或者《攻壳机动队》,尽管所有的内容和对象都会完全根据您的品位偏好进行个性化设置。

现在想象一下,一个有关新款三维全息 AirPods 的广告出现在您面前的广告牌上。您可以看到它们漂浮在您的上方,或者通过简单的手势让它们飞入您的手中,看到它们的实际大小,旋转虚拟 AirPods 就像它们实际存在一样。您可以在选择之前修改颜色、特征和材质。这时,您只需以口头、生物识别或其他方式发出信号,一旦您的 AI 助手验证了供应商的真实性和历史记录,您的数字钱包就会进行点对点支付。您可以在家中按需打印三维产品,以便在您到达时为您准备就绪。或者您可以在几分钟内通过自动驾驶汽车或飞机将产品直接运输到您所在的任何地方。

现在想象一下,广告不是一对 AirPods,而是一款新的飞行特斯拉 Model Z。在这种情况下,您可以让虚拟汽车下降到地面上,虚拟地进入其中,体验一次穿越曼哈顿的试飞,就好像它是真的一样,然后购买具有类似交付选项的实际车辆。如果您从另一个用户那里得到了一辆虚拟汽车,那么这种交易就变得更加容易了,比如说,一辆 1981 年独一无二的卡马罗火鸟(Camaro Firebird),它是您在 20 世纪 80 年代虚拟世界中经常见到的一个化身。在这种情况下,您允许广告商访问的个人资料不仅限于您的身体,还包括您通过"跨世界"广告启用的某些化身。就像您今天看到的"重定向广告"(那些似乎在网络上跟随您的广告)一样,这些"跨世界"广告可以做同样的事,它们可以在虚拟世界和物理世界之间移动,为您提供个性化的、打折的虚拟商品广告。

在这个虚拟老爷车的例子中,无论您是选择在时代广场上实体购买,还是当您看到同样的广告出现在 2100 年的东京虚拟世界的街道上时选择购买,您都可以简单地授权付款,并将汽车与您的其他个人资产一起放入您的智能账户清单中或者把它移植到您 80 年代世界之家的车库,或者您有交通权的任何其他地方。

考虑到这种情况,现在的广告和交易的崩溃似乎是不可避免的。这可能使超越在线广告和传统的电子商务的全新的货币化类别不断涌现。但要想实现这一点,Web 需要商业化层的升级。

空间经济学

互联网于 20 世纪 60 年代初诞生，它源于一套基于开放性、包容性、协作性、透明度和去中心化的基本原则。这些原则随后体现为一套开放的标准和我们今天仍然使用的协议。互联网是一个去中心化的引擎，不仅在技术上，而且在社会上，政治上，现在……在经济上。

虽然它的初衷是在没有中央权威的去中心化网络中自愿交换数据，但它的社会、技术、经济和政治影响是深远的。随着技术将去中心化的潜力推向人类生活的每一个领域，其影响逐年增加。但是，为了在 Web 3.0 中实现安全和可互通的交易，必须提供新的工具。

可互通的网络钱包

当前的网络没有用于使用或销售数字和物理物品的集成数字支付解决方案：没有通用安全的"网络钱包"或本地数字货币，无法促进点对点微交易，并提供近乎实时的全球支付和结算。有价值的虚拟资产的认证、可转移性和可交易性（在某些情况下需要通过瞳孔、声音或手势进行授权）将需要分布式账本的支持。物联网设备将交易实时资源和数据，人工智能将管理国际金融，但如今网络上孤立的电子商务购物车根本不够用。

智慧空间网的网络钱包应作为个人智能账户的一部分集成到空

间浏览器中。它应该能够处理与任何货币或支付服务（法定货币、信用卡、加密货币或其他）交易。很有可能出现一种被普遍接受的本地网络货币，很多人觉得这将会是比特币。是否如此，或者将会是另一种货币，仍有待观察。无论如何，一个内置在空间浏览器中的本地网络钱包作为一个单一登录的一部分，在任何地方都可以互通，这将可能导致一种全新的经济类别的出现——它连接人类、机器和虚拟经济。

包罗万象的经济

根据定义，互联网是一个技术系统。然而，在过去的二十年里，互联网已经不仅仅是一种技术。它是一种去中心化的通信基础架构，使世界各地的网络能够相互连接，而无须中央机构的批准。如今有超过 35 亿人在线，互联网正成为一个去中心化的经济实体，其规模超过英国、印度或巴西的 GDP。在未来 10 年里，它将在技术和商业模式创新的推动下发生实质性的变化。智慧空间网是实现数字网络经济的关键，由增强现实、虚拟现实、人工智能、物联网和分布式账本技术的指数级融合所推动。

在我们高度联系的全球经济中，现有经济的任何领域都无法避免地受到这些技术的影响，医院、农场、城市、制造业公司、运输公司、零售商店、媒体、游戏和虚拟世界将受到影响并转变——只有那些迅速适应技术变革的人才会成功。商业模式和经济学的本质可能会发生深刻的变化。

把它看作是物的经济，人的经济，地的经济，以及体验的经济，所有这些都是相互联系在一起的。这将由四大趋势的创造和网络化带来。

人、地、物的**数字化**

物理或数字场所和对象的**交易化**

交易的**空间化**

新感官体验的**货币化**

智慧空间网的零售购物

Amazon Go 新的无人收银商店正在动摇传统零售的基础，将整个购物体验自动化为一个"顺滑无摩擦的"交易环境。自动化零售已经有很长一段时间了，我们都用过了。几十年来，自动售货机一直为我们提供苏打水和零食，如果您在东京，您甚至可以从这些机器上购买服装。

然而，在智慧空间网中，您将能够走进任何一家商店，拿起您想要购买的东西，并在您退出时自动收取您购买商品的费用，无须排队等候。

未来购物的"走出去"（just walk out）让您可以通过智能手机进行身份验证后进入商店或者通过带有人脸识别软件的摄像头进入商店。您可以像在任何杂货店一样浏览和添加商品到购物篮中。每次您捡起东西，把它放到篮子里或放回去，人工智能、计算机视觉和传感器的组合会跟踪您的动作。当您完成购物后，您只需走出商店，就可以自动为您购买的商品付费……但您可以看到，在一个孤立的"特定"的生态系统中，很快就会出现问题。

只有亚马逊的设备才能在全食（Whole Foods，被亚马逊收购的美国超市品牌）或苹果体验店（Apple devices）这类商店里工作，谷歌或三星或百度的设备只能在其他商店工作？在购物中心或购物区又会怎样？如果每个设备、操作系统或商店都需要一个单独的应用程序账户和钱包，这将如何工作？智慧空间网必须能够实现互通和自动化的零售体验。

想象一下每个商店的"亚马逊认证"，不仅仅是亚马逊独有的，而是作为开放标准的一部分，任何店面都可以使用，每个设备都可以参考，任何钱包都可以用来交易。为此，您需要共享数据层的好处，这是一个单一的真实来源，任何具有身份、资产或商品以及付款的正确权限的人都可以引用它。换言之，您只需要一个单一的登录，就能进入自带网络钱包的整个世界。

或许更有趣的是，全球经济中的一个新领域——"我的经济"将成为增长最快、最终成为最大的领域——体验经济。

沉浸式体验经济

随着 VR 和 AR 技术开始在无数的虚拟环境中产生高质量的数字体验，新一代消费者将越来越多地选择购买体验而不是服务和产品。旧的工作将自动化，体验经济将成为经济中最大的领域。"体验经济"一词是由 B. Joseph Pine II 和 James H. Gilmore 于 1998 年提出的。他们将体验经济描述为继土地经济、工业经济和最近的服务经济之后的下一代经济。

今天的服务越来越商品化，是因为技术的进步，竞争的加剧，消费者的期望值越来越高。对于基于体验的经济而言，这种情况才是最有力的论据之一，特别是那些主要是虚拟的、沉浸式的、个性化的经济。

从历史上看,产品可以放在一个从高度同质化(称为商品)到高度差异化的连续统一体上。正如服务市场建立在商品市场之上,商品市场反过来又建立在服务市场之上一样,体验市场(以及最终的转型市场)也建立在这些新的商品化服务之上(例如,互联网带宽、咨询服务等)。

产品进化的每个阶段的分类是:

商品业务对未分化的产品收费。

货物业务对特殊的、有形的东西收费。

服务业务对其执行的活动收费。

体验业务会根据顾客通过参与其中的体验收费。

转型业务对客户(或"客人")在场景中花费时间后所得的收获而收费。

您可以在游戏世界中看到这方面的先行者,在社交媒体上有 Instagram 和 Facebook 的视频,还有越来越多的 Snapchat 镜头,并且引入了三维视频,可以创建三维全息图,就像《星球大战》中 R2D2 对莱娅公主的投影。

2018 年,Uber、奥迪和迪士尼推出了同步 VR"Holorides",用户可以在驱车途中戴上 VR 头戴式设备,使车窗外的道路和风景看起来像卡通或电影。在 Holorides 中,您可以沿着您的路线玩愤怒的小鸟游戏,也可以在地图上的 Tron①模拟中与数字角色战斗。想象一下,一系列的体验增强并覆盖了真实世界的每一寸土地,被潜在的数十亿虚拟世界和体验放大了。

1996 年,哥本哈根未来研究所的丹麦研究员 Rolf Jensen 在他的

---

① 译者注:美国电影名《创》。

文章《梦想社会》中为未来主义者写道,美国社会正屈服于一个专注于梦想、冒险、灵性和感觉的社会,当人们购买产品时,在这个社会中,塑造产品情感故事将成为人们购买产品的很大一部分。Jensen 把这种趋势称为情绪的商业化。"25 年后,人们购买的商品将主要是故事、传说、情感和生活方式。"

第一次电子商务交易发生在 1994 年。它开创了电子商务时代。20 年后,电子商务推动了 1.5 万亿美元的 B2C 交易。2019 年,仅中国的电子商务交易就超过 1 万亿美元。

所有这些都已经发生,甚至没有考虑新兴的机器对机器(M2M)经济,在 M2M 经济中,智能、自主、网络化和经济独立的机器充当由 AI 驱动的买家、卖家和服务提供商,能够在很少甚至没有人干预的情况下进行重大的物质和经济活动。随着越来越多的物联网设备能够交易和共享计算能力、存储和数据,这一不断发展的生态系统将成为可能。

空间经济学将使我们的全球经济价值成倍增长,因为它结合了我们的物质经济、物联网的机器经济以及数十亿个增强和虚拟环境的数字经济、它们的资产和人工智能代理。

这向我们提出了另一个关键的问题:像智慧空间网这样巨大的东西,我们将如何搜索和浏览?

浏览智慧空间网

搜索智慧空间网

　　随着智能眼镜变得司空见惯，我们今天所认为的搜索在未来将发生根本性的变化。今天，我们主要通过文本搜索网络。我们输入一个文本进行查询，然后，Google 从网络上搜索其索引的内容，并根据算法页面排名模型向我们提供它认为最相关的页面。当您在一个特定的位置时，您无法搜索或发现资产、对象或用户，因为 Google 没有这些内容的索引。在智慧空间网上，我们要搜索的内容和搜索方式将发生根本性的变化。

　　在智慧空间网搜索中，您的个人人工智能将使用对象和声音识别的组合来检查空间契约，以检测您正在搜索的位置在哪里以及当前在哪里。空间搜索将对您的语音命令做出反应，跟踪您的眼球运动、手势、情绪和神经反应，过滤您的历史品位偏好，选择要显示的最佳空间内容频道，并将所有这些内容输入您的空间浏览器中。这将让您找到您在寻找、思考或渴望的东西，并根据一组越来越微妙的个性化结果呈现给您，这些个性化结果是为您量身定制的，呈现出您正在寻找的正确的东西，准确地说，在您想要的地方和时间将其呈现。

　　您可以通过域名、位置、资产或频道进行搜索。例如，您可能会说"请给我展示城市道路"或"展示餐厅"，空间浏览器或应用程序将执行搜索，使您附近的相关智慧空间和资产能够显示，并加载任何智能合约，具有查看或与之交互所需的适当权限。智慧空间还将有与它们相关联的故障信息,存储在它们的资产内容中,包括频道、关键字和被搜索爬虫找到的任意文本。

如果您戴着 VR 耳机坐在家里的沙发上,您可能想去购物。当您说"让我们买几双鞋"时,您的空间浏览器可能会从您的偏好中知道在 Foot Locker 购物,因此默认情况下,它会带您到 Foot Locker 空间。或者您在家里使用 AR 眼镜,希望在多家商店搜索鞋子。AR 眼镜可以让商店访问您的尺寸、形状和颜色偏好范围,让您只需轻扫它们,将它们投射到您的脚上,并在购买前通过浏览器的安全钱包插件进行确认。商店可以在一个小时内将这双实物鞋送到您身边,然后您就可以穿上相应的虚拟鞋与您的朋友们一起参加虚拟篮球比赛。

在实体店内,空间浏览器将足够智能,可以执行本地搜索,显示可用内容的菜单。空间可以有自己的频道,这些频道可以为用户发现的任何空间中的内容提供完整的灵活性。所以您可以在店内搜索高跟鞋,然后从结果中挑选一双,仔细看看,或者在虚拟的商店里逛逛,浏览展示。

在一家实体杂货店,寻找一种特定的产品,您可以问:"咖啡在哪里? 根据我以前购买的咖啡,我想要哪种有机认证、公平贸易的烘焙咖啡。"浏览器将对杂货店的智慧空间进行本地化频道搜索,找到匹配的产品,并通过 AR 方向指引您到正确的通道和货架。

内容可以按频道全局搜索,也可以在一个空间内搜索,甚至可以按用户搜索。在智慧空间网上,用户可以将内容或资产添加到用户资源清单(智慧空间)中的某个频道中,该频道可以充当该用户的 Twitter、Instagram、Facebook 和 Blogging/Vlogging 组合的微订阅源。其他用户可以通过订阅该频道来订阅内容。全局启用"用户源"频道将允许通过标签搜索所有"源"中的任何内容。

智慧空间网中的感知

感知(看到、听到、触到等)智慧空间网上任何东西的能力取决于给定资源所在的空间域定义的权限。仅仅能够搜索某些东西并不能自动授予查看信息、物体或人的权利。如果某个资产当前所在的智慧空间网是可搜索的,那么该资产本身必须同意,根据您的用户权限,您甚至有权感知它。除此之外,感知并不局限于个人的特定生物或机械感官,因为人类、机器和虚拟传感器以及触觉的任意组合都可以用来体验或分析某些事物。人类和计算机视觉以及一些测量温度和湿度的物联网设备可能需要验证特定医疗设备是否被批准用于手术。在智慧空间网中,感知可以被增强、修改、共享或众包(crowdsourced)。

智慧空间网中的交互

智慧空间网中的交互可以由空间契约来管理,空间契约决定任何用户与任何对象或任何空间中的其他用户的交互。这可能包括创建资产或特定类型的交互,包括但不限于触摸、移动、路由、旋转、缩放、修改、使用或销毁,所有这些都可以由规则、权限和基于给定域的权限授予和识别的管理层进行管理。

智慧空间网上的交易

在空间契约设定的任何条件下,空间网中的交易都可以在任何人、资产或空间之间发生。交易可以自动发生,条款可以在空间契约中预设,使用任何形式的虚拟钱包,以任何可接受的货币,在任何两个(或多个)当事方之间发起交易。

比特币的发明可以比拟电子邮件的发明。起初,电子邮件只被计算机专家用于在全球互联网上进行交流,即时与任何拥有电子邮件账户的人进行交流。其他人继续使用邮政系统,直到 20 年后随着个人电脑普及,才转用电子邮件。

比特币可以被认为是一种电子货币。它可以瞬间通过世界各地的网络发送,而我们现有的国家货币必须通过多个中介机构才能到达目的地。这既费时又费钱。

如今,每个人都使用电子邮件、短信、视频会议和其他数字通信工具。我们很少写信。明天,每个人都会使用各种形式的数字货币,很少会使用国家货币。这将推动下一波数字商务的浪潮,它将使许多形式的自动化交易在空间、设备和对象之间进行,而无须人工干预。

智慧空间网中的交通

智慧空间网中的资产或用户的传输发生在空间域之间。这可以是一个"超级传送"(hyperporting)功能:在任何数字资产之间,在任何智慧空间内,跨地理和虚拟位置,或动态路由物理对象的路径,其中包括三维空间中的任何数量的点。例如,您可以很容易地在任意数量的虚拟世界之间进行超级传送,就好像它们都是同一个世界的一部分,就像今天在网站之间的"移动"一样。类似地,从物理世界中的 A 点移动到 B 点只需要在两个智慧空间之间路由一个用户,就像今天在物理地址之间通过邮件递送或 Uber 汽车运输包裹和人一样。

由于智能空间存在于物理世界和虚拟世界中，人们可以想象一种宝马概念车，它是由世界各地的多方使用 VR 共同设计的。完成后，虚拟汽车可以被传送到伦敦的一个观景室，让观众在 AR 中观看。我们称之为"跨现实交通"。

智慧空间网中的时间

智慧空间网中，可以指定要查看的点或日期和时间范围。当出现在某个特定位置（物理或虚拟）时，您可以"拖动"时间线来及时返回以查看给定时间（如果数据可用并且您有权访问它）的空间内容，包括给定位置的完整历史记录或信息。反之亦然，您也可以放置对象以供将来查看或用于查看未来项目的时间表。

智慧空间网中的频道

AR 和 VR 最重要的挑战之一，是如何管理和过滤给定类别中给定空间的可用内容或允许活动。想象一个未经过滤的 AR 时代广场体验，有成千上万的内容来源和广告商，体验将是完全压倒性的。启用允许用户选择要查看的内容的"频道"，即使用个性化的人工智能，根据用户的权限和偏好筛选内容和活动。例如，用户可能只对 Yelp 上的时代广场餐厅评论、好友的 Instagram 照片、AR 游戏中的虚拟对象和当地市政内容感兴趣。此外，用户可以创建自己的私人频道，在那里放置自己的内容供个人使用或共享。

当人们沉浸在一个 AR 或 VR 的世界中时，他们的行为将与今天他们使用智能手机和桌面界面的方式有很大的不同。目前，人们在使用智能手机时,会针对特定功能进入不同的应用程序,通常一次一个,比如在 Instagram 上发布照片,发送短信或打电话。

在 AR 或 VR 中,设备仅仅是一个窗口,可以将多个内容层叠加在一起。现实本身就变成了实际的体验,同时也变成了互动的界面。例如,您可以查看来自朋友的消息、喜爱的艺术家发布的娱乐节目、工作任务的说明,所有这些内容都可以通过任何过滤器或查询同时查看,类似于浏览器上的选项卡。

随着这些新的数字层的内容和数据的价值不断增加,其数量将成倍增长,特别是在交通繁忙且复杂的地区,如城市中心、工业区和交通枢纽。为了让人们在数字世界中自然、无缝地互动,需要在正确的时间、正确的目的和适当的环境中提供相关内容。管理、过滤和保护这些内容层是智慧空间网面临的最大挑战之一,我们用所谓的频道来解决这个问题。

频道是来自特定来源或组织的全球内容或交互层。例如,Facebook、Instagram 和 Snapchat 都可以同时看到全球范围内的频道,用户可以根据内容发布的位置查看发布的内容,而不是根据发布的时间查看"源"中的帖子列表。任何人、组织或市政当局都可以向世界发布内容,因此从技术上讲,可能有无限数量的潜在频道。访问频道的权利由发布者决定,发布者为可以查看、交互、发布、编辑和交易的用户设置条件。与 Web 浏览器类似,频道可能会附带插件,以实现新的参与可能性,允许平台自然地发展和创新。

当用户进入一个空间时,AR/VR 浏览器搜索所有可用的频道,然后根据该用户的偏好、权限和隐私设置,围绕他们希望看到的内容,继续在正确的频道上同时呈现相关内容。例如,用户可以指定"仅显示来自朋友的社交帖子"或"仅在上午 9 点到下午 5 点之间或我工作时显示与工作相关的内容"或"显示所有消防栓"。

随着时间的推移和频道数量的增加,内容的过滤将变得至关重要。想象一下 2040 年走进时代广场。内容的层次丰富,经过多年的文章和内容积累,即使您也将不可能一次查看所有的内容。随着可用内容的数量因时间的推移而增长,手动管理用户偏好将变得更加困难,并可能导致丢失相关的信息块。一个个性化的 AI 代理可以很容易地管理和定制用户的体验,因为它知道他们喜欢什么样的信息和内容。尤其重要的是,个人 AI 代理将以一种无须与任何其他方显式共享任何个人信息的方式处理数据。

随着个人 AI 代理市场的发展,每个代理都承诺为用户提供完美的定制体验,用户可以根据心情或情况选择频繁调整或交换 AI 助手。随着这些 AI 变得更加先进,精选的 AI 将提供一种全新的媒体类型,由杂志、有线电视频道、意见领袖或时尚带头人创建。想象一下,VICE Magazine、History Channel 和 Malcolm Gladwell 同时管理 AI,提供一种全新的、沉浸式的学习、分享和表达方式。当您穿过东京时,您可能会注意到一个不起眼的班克西(Banksy)[①]作品,同时通过一个 17 世纪的日本历史视角观察世界,同时还收到马尔科姆·格拉德威尔[②]的视听社会评论。

空间域管理将保护企业和私有财产不成为潜在广告商的虚拟广告牌,使其所有者能够选择在其所在地张贴什么内容以及可能收取多少租金。

---

① 译者注:班克西(Banksy),英国街头艺术家,以涂鸦作品出名,被誉为是当今世界上最有才气的街头艺术家之一。

② 译者注:马尔科姆·格拉德威尔(Malcolm Gladwell),英裔加拿大人,记者、畅销书作者和演讲家,"加拿大总督功勋奖"获得者。他的著作及文章涉及社会科学研究领域,尤其是在社会学、心理学、社会心理学方面,对学术工作的应用层面做出了广泛而深入的探索。

特点与优势

一些社交渠道可能会找到新的方式来"修剪"原本永久性的空间内容。例如,想象一下未来智慧空间网的 Snapchat;这个频道可能很快就会充斥着大量的创意内容和可爱的 AR 生物。它们因内容精练易懂而受观众喜爱,从路人那里获"赞"的 AR 生物(或内容)会获得额外的生命,如果有足够多的人点"赞",它们甚至可能成为不朽。而那些不受赞赏的作品会逐渐消失,只有发布者和他们最亲密的朋友才能看到。

然而,这样一个丰富的、沉浸式的世界可能并不适合所有的情况和环境。某些地方,例如工作场所可能会变成"数字化卫生"环境,只允许出现与工作相关的内容;或者学校可能不允许在课堂上进行商业游戏体验。此外,根据您是谁,某些频道可能对您可用,也可能不可用。例如,医生可以访问医学生可能无法访问的频道信息,而大楼维护人员可以拥有自己的专用频道。这些限制的条件将由有关当局制定。

频道不一定要遍布全球。它们通常只在特定领域有用。例如,餐厅只能在其业务范围内提供内容,医院只能在其场所发布敏感信息。某些域可能要求用户进入其空间查看特定频道,而忽略了他们的偏好。例如,当您走进机场时,他们可能会强制您查看公共消息,或者餐厅可能会自动显示其菜单频道(然后可能会在下次访问时,可以选择退出),或者医院可能会强迫患者查看医院频道,而没有可退出选项。

在这个虚拟内容、虚拟渠道、虚拟空间的新世界里,无疑会出现侵权行为,侵犯人们的权利。智慧空间网架构的设计就是为了支持这些斗争(反对侵权)。

智慧空间网的安全性

　　智慧空间是一项独特的发明,部分原因在于其内置的安全功能。由于 Web 3.0 对安全性、隐私性和可验证性提出了许多新的挑战,因此需要新的创新。空间索引使用各种安全机制来控制资产的使用、转移以及与空间及其内容的交互。空间域注册在使用多因素身份认证和验证的分布式账本上。通过空间浏览器进行的所有交互都使用多层加密技术,并由自主权身份分类账本和多因素生物识别技术支持。默认情况下,每个智慧空间都有自己的频道。将内容和资产注册到安全频道后,系统能够控制哪些用户和空间浏览器能够检测到它们。

　　所有在智慧空间网中和跨智慧空间网的交易都是通过加密协议进行的,敏感数据可以存储在私人账本上,也可以加密在公共账本上。空间契约允许对空间和资产提供额外的安全性,控制何时、如何以及由谁来跨空间或针对单个资产进行交易。

　　去中心化数字身份的性质自动保护空间用户不受数据挖掘的影响,防止空间内活动的外部方与任何其他活动关联。

空间浏览器

　　空间浏览器是智慧空间网的通用窗口。它允许像浏览器扩展一样安装空间应用程序;当用户根据空间契约规定的权限进入空间时,它们可以自行安装和自动执行。尽管开发人员可以设计自己的独立空间应用程序,以便在任何支持 VR 或 AR 的操作系统中使用,但空间浏览器将是智慧空间网的主要界面,同时显示三维和二维对象、环境和动画。使用"频道"可以呈现无限多的视图,但是人工智能可以过滤和允许群体共享或针对个人进行个性化设置。把频道想象成一层数字描图纸,让智慧空间网上的任何应用程序或服务提供商,无论是 Snap、Yelp 这类大公司还是其他小公司,都能像浏览器标签一样在世界上同时覆盖。

空间浏览器可以有一个默认的公共数据频道,自动呈现本地街道和商业数据,包括地图和方向、停车位信息、商店或餐馆的名称和信息,甚至本地事件。添加自定义插件将启用各种自定义皮肤、过滤器、音频、手势、语音和基于思想的交互。

空间浏览器将作为开放源代码项目发布,供任何人构建和扩展。空间协议规范旨在成为任何空间浏览器都能采用的通用标准,就像今天的各种 Web 浏览器都共享相同的底层 Web 协议和编程标准一样。全球开发人员社区和标准组织必须参与所有空间浏览器实现标准的持续开发,特别关注隐私、安全、互通性和数字支付标准。

风险与威胁

个人力量小，团结力量大。

——海伦·凯勒

Alone we can do so little. Together we can do so much.

——Helen Keller

对智慧空间网的威胁

像现在的万维网一样，向所有人开放并完全集成到单一的全球网络中的智慧空间网将是理想的选择。然而，实现这一愿景将会面临巨大的障碍。

虽然本书试图强调，智慧空间网是进化趋势，看起来似乎是必然的，但实际上还远未确定。这需要工程师、创作者、意见领袖、非营利组织、标准组织和政府进行大量的对话、开发和投入。为了帮助提高人们对智慧空间网标准的认识、宣传和采用，作者和同事们成立了VERSES 基金会，这是一个非营利组织，致力于提供开放、免费和安全的智慧空间网所需的协议和规范。

公司利益

许多因素都会威胁到智慧空间网的实现。如果苹果、谷歌、Facebook、三星、百度等强大的公司认为，它们必须在新兴技术（如增强现实、虚拟现实、物联网和人工智能）方面维持封闭的硬件和软件生态系统，如果它们不愿意参与采用支持互通性的开放标准，那么这将减缓新的开放标准的采用。它们之所以选择这个立场，可能是因为它们看不到好处，或者担心这可能威胁到它们的盈利能力，或者它们只是对这个想法或实施方法不感兴趣。这将导致一系列智慧空间网的孤岛（无法互通）。若发生这种情况，大量用户将无法参与开放的智慧空间网。

更糟糕的是,如果这些提供商都试图创建自己版本的空间协议和空间浏览器,以创建自己的孤立智慧空间网,那么用户将被迫在它们之间进行选择,因为他们中任何一家开发的自专有商业标准,被竞争对手采用的可能性几乎为零。

围墙花园的历史失败

历史上曾有人试图在开放服务领域筑墙,但通常效果不佳。"围墙花园"是一种网络或服务,它限制或使用户难以从外部来源访问应用程序或内容。标准的电视和广播是开放的——任何拥有电视或广播的人都可以收看;有线电视和卫星广播是围墙花园①,要求用户订阅观看频道和节目。在万维网的早期,美国在线(AOL)、Prodigy 和 CompuServe 这些公司对万维网进行封闭管理。他们只为付费用户提供会员合作伙伴的网站。尽管这些公司对早期的互联网推广起到了很大作用,但最终还是驱使用户越过围墙进入开放网络本身。

音乐产业提供了一个关于围墙花园和封闭系统长期有效性的警示故事。2000 年,全球音乐年收入达到了 500 亿美元的峰值。这在很大程度上是由于音乐的数字化以及 20 世纪 80 年代和 90 年代 CD 格式的引入和发展。2000 年,Napster 走出了阴影,允许任何可以连接、不太关心版权法的人免费下载无限量的音乐。唱片公司惊慌失措,起诉所有人,并游说国会制止盗版。苹果公司最终介入并提供了

---

① 译者注:"围墙花园"(Walled Garden)是一个控制用户对应用、网页和服务进行访问的环境。围墙花园把用户限制在一个特定范围内,只允许用户访问或享受指定的内容、应用或服务,禁止或限制用户访问或享受其他未被允许的内容、应用或服务。

一个解决方案：基于苹果封闭的生态系统和称为数字版权管理（DRM）的安全协议，在苹果 iPod 音乐播放器上以专有的音频格式提供歌曲，每首歌曲收费 99 美分。

数字版权管理实施期间（2004—2009 年），美国音乐产业的收入下降了近一半。市场调查公司 NPD 报告称，期间，美国消费者获取的音乐只有 37% 是付费的。在这段时间里，盗版行为实际上有所增加，最终，唱片公司被迫开放内容，并采用开放的音频格式。

最终，这一点无关紧要，因为流媒体音乐时代将迫使该行业经历另一种形式的变革，走上一条新的道路。Spotify、Apple Music、Tidal 和 Deezer 等音乐流媒体服务商授权用户通过付费订阅访问几乎所有可用的音乐。至少在音乐方面，这些服务中的绝大多数都有类似的音乐目录，选择与各种过滤器和个性化功能竞争，用于区分不同用户的不同选择。这至少是一种诚实的行业做法，尊重用户及其访问全目录的愿望。在极少数的情况下，某些艺术家，出于版权保护和金钱收益的考虑，曾经严苛地将他们的音乐仅限制由一个服务平台来提供，然而歌迷的回击竟然是如此的激烈，以至于这些艺术家们最终不得不妥协，也开始在其他服务平台上发布他们的作品。

根据国际唱片业联合会（IFPI）2018 年全球音乐报告，对于音乐业来说，最大的讽刺可能是，过去十年最大的音乐流媒体服务，其收听量是其他音乐服务的两倍多，却一直是一个视频流服务——YouTube。开放和不受限制地访问音乐，即使是通过带有广告的视频服务，仍然比特定内容的服务更受用户青睐。人们不得不怀疑这是否是因为现在的用户是多功能、多模式和多设备的。在 YouTube 视频和音乐之间无缝切换可能比打开另一个应用程序更好。此外，

Youtube 链接是一个标准的网址,因此是一种适用于所有人的通用共享格式。音乐界仍然很难共享歌曲文件。想一想,您分享了多少 Youtube 链接,而一个应用中的歌曲链接数是多少? 当网络效应影响到围墙花园时,它们就会崩溃。

如今的付费流媒体视频应用,如 Netflix、Hulu、HBO Go 和 Amazon Prime,也都是围墙花园,它们将自己的原创品牌内容限制在自己的应用程序上。这导致点播视频流市场进一步分化。2018 年,迪士尼宣布,计划从其他公司撤出内容,通过自己的迪士尼 Plus 订阅应用程序独家提供。因此,流媒体视频应用最初是通过互联网观看优质电影和电视节目的一种新的开放格式,现在正迅速成为一系列独立的孤岛,这些孤岛限制了消费者的选择,迫使用户采用多种应用程序和服务来访问他们想要的内容。虽然公司有权以他们认为合适的任何方式对其内容进行许可和货币化,但很容易理解为什么消费者最终会报复并开始翻越围墙。

iOS 和 Android 开发环境以及应用商店也是围墙花园的类型。如果希望开发出来的应用有更多的用户,那么这些不同的平台就需要开发人员构建和维护两个不同版本的程序,如果他们希望接触最多的用户。这并不是一个微不足道的挑战,而且增加了小型开发人员可能无法承受的额外开发成本。这会对创新产生一种令人震惊的影响,它会将用户的选择限制为能够承担成本的大型应用程序开发人员。当消费者需要在不同设备之间切换时,这就成了一场噩梦,因为在新的操作系统上查找、下载和登录应用程序的过程是一个非常令人沮丧的体验。但是,这些都是 Web 2.0 的问题。在 Web 3.0 时代,随着 AR 或智能眼镜的到来,围墙花园成为开放智慧空间网的巨大威胁。

不可互通的世界

在许多方面,未来智慧城市的实际需求使其成为强调智慧空间网需求的理想展示平台。

想象一下您在十年后的某个时间,在城市的零售区跟随导航选购商品。您戴着一副亚马逊智能眼镜。无论您在哪里,您都可以看到亚马逊智慧空间网的合作伙伴和应用程序的内容和全息图。当您进入一家全食超市(亚马逊旗下)时,您的眼镜会识别出您的身份,并在该位置"签到"。个性化优惠将为您提供特别折扣。您的购物清单出现了,您只需根据箭头指向找到清单中的每一项,挑选需要的商品,并在离开时自动收费。然而,如果您去隔壁的 FootLocker(苹果的合作伙伴),您将需要苹果的 iGrasses 来访问他们的空间内容,获取特别优惠并自动结账。

另一个例子是:一个丈夫在梅西百货公司为他的妻子购物,但他无法获得妻子的体型数字化身,因为他使用的是微软的全息镜头,妻子只有先检查梅西的位置再把化身发给他。且不说这种感知很差的购物体验,我们将如何访问为所有市民创建的智慧城市内容呢?城市的路牌、停车位等市政内容将如何发挥作用?它会被困在空间市政或公司的孤岛吗?如果没有达成一致的标准,将导致民用领域的混乱,对智慧城市的工作人员来说,这将是一场管理噩梦。

更糟糕的是,在办公室、家里、公园里,多方究竟将如何看待同一内容并与之互动?公司是否需要为每位员工在一台设备上实现标准化?每个人是否都需要下载同一个应用程序才能查看历史建筑的建筑历史,在客厅与家人玩射击游戏,或者在公园里追逐和收集新的虚拟角色？

如果所谓的"智能事物"（智能眼镜、智能汽车、智能商店和智能账户）都不能协同工作，那么未来的智慧城市究竟将如何运作……这样的城市会有多智能？

您可以看到，空间内容、集中数据存储和专有支付系统的结合，不仅对我们未来的智慧城市来说不切实际，而且对每个人来说，无论我们去哪里，都将完全失效。

您可以为单独盯着屏幕的用户建造围墙花园，但您不能孤立这个世界。您不可能像 25 年前美国在线（AOL）那样成功地建立一个封闭的"智慧空间网"，网络需要是"世界性的"，但实际上不需要这些孤岛，因为智慧空间网中有足够的空间。

万维网的开放规范和标准使许多 Web 2.0 公司能够将自己推向万亿美元的市值。Android 和 iOS 是基于 Linux 的开源优势构建的。对于 Web 3.0，公司不需要在核心空间协议或内核级别上进行竞争——他们都可以自由地在空间 Web 上开发应用程序。大公司所能做的最好的事情就是帮助支持开放的空间 Web 标准和设计用于连接我们所有人的空间协议。然后，我们都可以从我们共同实现的网络效应中受益并茁壮成长。

政府官僚机构

智慧空间网面临的另一个威胁是政府对隐私权、财产权和数字货币法律框架的演变感到困惑、反对或漠不关心。我们将需要技术娴熟且具有强大的政府和公共部门关系和背景的各方，协助开展必要的教育进程，以获得对有效采用和实施智慧空间网的广泛支持。

鉴于智慧空间网所带来的法律和监管影响，以及重新构建和更新我们对知识产权的定义的必要性，这一点尤其正确，因为它涉及 AR 内容的私有、公共和知识产权使用及其大规模采用。

此外，智慧空间网变革了全球经济并成为下个世纪创造财富的经济引擎的能力，将在很大程度上取决于对数字货币和数字资产实施的常识性监管，这些监管力求在不限制创新的情况下保护用户。

有效实施一个无缝、无摩擦的对等全球经济，将人类、机器和虚拟经济结合在一起，可以带来一定程度的繁荣，从而（最终）为地球上所有居民带来公平的经济利益。

这是一个巨大的机会，虽然智慧空间网面临着潜在的威胁和风险，但是无法阻止我们共同努力，以我们所有的集体意愿和力量，使之成为现实。

启　示

种瓜得瓜，种豆得豆。

——詹姆斯·艾伦①

In all human affairs there are efforts，and there are results，
and the strength of the effort is the measure of the result.

——James Allen

---

① 译者注：詹姆斯·艾伦(James Allen)，19 世纪英国作家。

从智慧空间网到智慧世界

智慧空间网的应用有很多。从根本上说，它所支持的数百万应用程序是所有"智能事物"协同工作的结果，如智能眼镜、汽车、工厂和城市，智能支付、合同、资产、身份和空间。这些智慧空间，全部联网在一起，揭示了智慧空间网的最大意义。这将是人类历史上第一次实现一个智能的、相互关联的全球文明，一个智慧世界。

智慧世界的曙光

智慧世界将是这样一个世界：它跨越了物理和虚拟领域，任何人、地点或事物上都存在一个自治的、通用的身份和地址。智能支付和智能资产被整合到智慧城市中。空间浏览器可以跨所有品牌的智能眼镜和其他新界面进行工作，使任何地方的每个人都可以跨真实和虚拟世界访问基于位置的智能信息和对象。最后，智慧世界由遍布我们周围、浩如烟海的数字空间契约所控制，按照动态规则来自动执行和强制执行，以便在智慧空间之间实现资产和用户的交互、交易和运输。

城市是繁忙的，到处都是道路、车辆、能源和废物管理、资源系统、规划、法律和政府机构。在智慧世界中，城市将跟踪、监控和优化交通、电力、水、废物、资源、货物、信息、交易和人员的流动。他们将动态地优化使用情况并做出相应的调整。可实时显示和更新与位置相关的市政数据。政府和决策者将革新其系统，使得公民能够对决策过程做出贡献。这样的智慧世界将使世界上所有的城市基础设施兼容和互通。因为智慧城市仅仅只是智慧空间的一种。智慧空间的类型可以有很多。

智能工厂是另一种智慧空间。现代工厂有数百万种不同的部件和工艺,运行着高度复杂的机器,生产着无数种不同的产品。现代工厂是一个非常复杂的系统。但在智能工厂里,每一个零件、机器人、设备和产品都成为智能资产。所有的材料、机器和产品都是通过空间和时间来追踪的。智能资产包含每个项目的智能孪生体,其中还包含由区块链保护的历史维护记录。所有这些信息都是通过 AR 和计算机视觉的协同工作,在空间上被附加和跟踪到智能资产上的。当一个工厂成为一个智慧空间时,它可以设置规则来管理、记录和验证所有产品的运转以及人类和机器人的所有活动。可以部署人工智能和智能合约来分析和执行操作需求,以优化工厂的易用性、效率和有效性。这些相同的功能也可以应用于智能农场、智能矿山、智能商店、智能家居或智慧城市。

智慧城市和智慧世界使用数字钱包进行交易。但在这种数字化转型的新环境下,一切都有了钱包。不仅人类有钱包,物体和空间也可以有钱包。这使得任何东西都可以与任何其他东西进行交易。举个例子,当智能资产进入智慧空间时,比如自动驾驶汽车进入停车场前,其身份和用途将被授权。然后,当它进入停车场时,根据建筑物持有人设置的权限,在汽车和建筑物之间自动触发付款。

智能交通

由此,我们不难看出,这种空间商务构成了全球统一智能供应链的基础。相互连接的智慧空间,使用智能支付,认证用户、空间和资产,跟踪所有事物之间的交互和交易,使全球供应链成为可能。

全球供应链是如何运作的?首先,智慧空间将赋予智慧空间制造厂收集和运输原材料,并将原材料转化为产品的能力。然后,该产品被分配其自己的智能资产 ID,并基于空间契约中包含的规则,可以将其从 A 点移动到 B 点,再移动到 C 点,从制造到运输,从仓储到店铺并完整记录需要审计的情况。所有的付款和所有权转让都可以自动进行并记录。消费者可以看到产品是否履行了特定的品牌承诺(如公平贸易、无冲突、碳中和、可持续生产)。

此外,智慧世界允许用户和物体在它们之间的连接空间进行移动。与 Web 页面不同,每个空间都变成了 Web 空间,现在不是在页面之间移动,而是可以在虚拟空间之间移动。例如,假设您在一个幻想世界里,您购买了一把魔法剑,它将是一个智能资产,它的战斗历史记录在智能(孪生体)档案中。然后您的一个化身(带着一把剑)传送到一个未来世界,在那里您用光剑与另一个用户战斗。如果您打赢了这场仗,您可以把这场胜利记录在剑上,然后在得到许可的情况下,把它传送到您侄女或侄子的卧室,作为一份惊喜的生日礼物(得到他们父母的空间许可)。这只是虚拟世界和现实世界之间的数据、物体和用户可转移性的一个例子,允许资产、人员和货币在它们之间移动。另一种说法是,我们已经在 AR 和 VR 之间建立了一种无缝的统一,这是新兴智慧世界中的一项基本功能,无论我们是否意识到这一点,我们都已经在忙于构建了。

智慧生态

智慧空间网可以帮助人类变得更加可持续,并将成为影响投资决策的一个强大新框架。工业经济给我们带来了许多好处,但也造成了许多不可持续的社会和环境问题。与任何尚未发明的技术相比,智慧空间网可以帮助我们更好地解决这些看似棘手的问题。正如爱因斯坦所说:"我们不能用创造问题的思维水平来解决我们的问题。"

智慧空间网使人们的思维达到了一个新的水平。一种分析和解决我们现在面临的巨大问题的新方法是从智能孪生体的概念开始的。当我们继续数字化我们的业务,我们的城市,我们的国家,最终,我们的整个世界,我们将创造一个地球的智能孪生体。我们将拥有一个越来越精确的数字模型,将地球作为一个有生命的系统,近乎实时地测量其各种系统及其对我们和环境的影响。

这个模型是实时在线的,每个人都可以观察和使用,类似于三维维基地球。这对聪明的孪生体将提高我们全球对话的质量,因为我们将拥有准确的测量结果来为决策提供信息。政治家们不再争论什么东西是热的还是冷的,我们都可以自己读取温度。有了这个越来越精确的模型,我们将能够进行大规模的复杂模拟,并进行其他类型的预测分析,这将引导我们找到真正可持续的解决方案。把它想象成一个巨大的三维电子表格,让我们可以提出一系列"假设"问题,并实时查看我们的决策可能产生的影响。来自世界各地的各类研究人员将能够利用这一新工具帮助我们解决我们共同面临的许多问题。这是全球范围内的控制论思维,为我们提供了一个全新的思考问题的元层次。

联合国已经确定了17个可持续发展目标,以实现所有人更可持续的未来。可持续发展目标解决了必须解决的社会和环境挑战。它们为我们如何实现指数技术所带来的所有好处提供了蓝图。如果我们不解决这些全球性的挑战,大量的人可能无法生活。

　　利用物联网感知活动的能力,人工智能测量和预测结果的能力,以及 AR/VR 沉浸式空间学习、体验和分享的能力,智能孪生体与智慧空间网的全球协作能力相结合,可以对所影响的项目,在规模上和数量上提供所需的突破,以便在气候变化、全球健康、负责任的消费以及所有其他可持续发展目标(联合国确定的、我们必须在时间窗内采取行动的)等严重问题上产生真正的影响。

　　随着企业和政府实施单独的空间计算项目,并通过智慧空间网将它们连接在一起,它们将各自开始实现空间操作的操作效率。然后,空间操作可以利用人工智能对这些项目进行持续的空间分析。空间分析不可避免地会导致空间优化,即不断地确定使用较少资源获得相同或更好结果的方法。随着智慧空间网以类似于 Web 1.0 和 Web 2.0 的方式在地球上传播,我们将朝着实现一个智能的可持续发展的星球发展,以一个精确的智能孪生体作为一个强大的实时可视化界面和平台。

　　从自下而上而不是自上而下看,智慧空间网还可以帮助我们处理特定的影响项目。作为智慧空间网的一个实例,让我们来探索在世界上服务不足(匮乏)的地区建立一个医疗诊所。利用数字孪生体的力量,我们可以创造一种全新的方式来设计、建造、运营、维护和复制这个诊所。

让我们从设计过程开始。因为智慧空间网有一个 VR 界面,所以现在每个人都能够以实际规模(不需要蓝图)体验诊所的设计(作为智能孪生体)。任何人都可以在大楼还在设计时就虚拟地走过各类建筑,包括将使用该诊所的各个社区,并为设计师提供反馈。利益相关者社区将包括医疗和管理人员、使用诊所服务的周边社区人员、提供设备和基础设施的供应商、保险公司和监管机构。来自这些社区的反馈可以被吸纳到设计中,所有利益相关者都可以签署一个高度完善的最终设计。这一设计随后由建筑师完成,最终的施工文件也是建筑的一个三维智能孪生体,但每个部件都有详细说明,直到最后一个螺母和螺栓。

接下来会更有趣。用于建造和运营诊所的每一个部件现在都可以由不同的供应商投标,建筑的最终成本也可以锁定。由于智慧空间网在其数据层中包含区块链技术,所有建筑组件都可以链接到智能合约,当材料到达工作站点时,智能合约会自动支付。这消除了所有的腐败和几乎所有的错误。

利用智慧空间网技术,现在建造诊所将类似于组装一个孩子的乐高玩具。建筑过程的每个部分都经过编程和排序,使建筑过程类似于组装一个工具包。AR 技术在这个阶段是非常有用的,您可以看到一个已经完工的建筑的模拟,当它完工的时候,它正好坐落在那里。这在建筑过程中起到了视觉引导的作用。蓝图不再在一张大纸上,而是以全三维的形式呈现在您面前,您可以看到建筑完工后或施工过程中的任何阶段。

大楼的智能孪生体可以随着大楼的竣工而实时更新,这对于各个城市、州和联邦核查小组的检查和认证非常有用。这种在时间上前后移动并看到建筑施工的每个步骤的能力被称为四维视图(三维空间加时间视图)。如前所述,一旦我们将一个具有区块链数据完整性和空间契约的数字孪生体的四维可视化连接并同步,它就成为一个智能孪生体。

在施工的同时,现在可以开始使用 VR 技术在大楼的智能孪生体中培训工作人员。随着大楼接近完工,全体员工将在诊所的各个部门完成培训,使得从建筑商到业主/运营商的交接非常顺利。

现在,我们有了两个版本的诊所,一个是完全建成并投入使用的实体建筑;另一个是前者完美的数字拷贝,也就是诊所的智能孪生体,里面包含了所有的建筑历史、材料溯源、法律合同和可验证的信息。现在我们可以观察诊所的运营并从中学习。机器学习形式的人工智能可以随着时间的推移服务于诊所的实际运营,并对诊所的运营提出改进建议。这被称为空间分析,为那些拥有适当空间权限的人提供查看数据的权限,并允许他们使用数据来修改他们的操作,在某些情况下,还提供可能在其他地方建造的大楼或未来诊所的实际设计。利用在第一个诊所收集的数据,可以在世界各地轻松地构建诊所的副本,以升级和优化后续迭代的设计。

为了更深入地了解这一过程,智慧空间网被设计为将所有指数技术(如人工智能、物联网、AR/VR、机器人技术和区块链)相互连接,从而在行星尺度上实现空间操作和空间分析的反馈环。这种相互连接使得这些强大技术的融合不仅能为建设更可持续的诊所,而且能为可持续的农场、供水和废物管理、供应链和整个城市带来好处。它们可用于衡量、管理和协调实施联合国可持续发展目标中概述的全球挑战和机遇所需的信息和资源。地理空间精确的三维数据集，可以被用作可普遍验证和共享的单一的真相来源，智慧空间网可以跨民族、政治实体和全球企业在人类历史上第一次实现全球协调的新水平。

智慧空间网协议 HSTP 最终将创建一个包含世间万物的网络。这将成为这个星球的新的神经系统，把一切人和物连接在一起。我们现在可以为我们的医院、校园、工厂、城市、国家乃至整个世界创造出更加精确的智能孪生体。在人工智能和区块链技术的支持下，我们的基本人类价值观可以优化能源流、物流以及现代社会运转所涉及的一切。这将用于创建和自动化可持续的系统，并快速识别不可持续的活动，以便我们能够纠正或解决我们目前面临的许多全球挑战。智慧空间网使我们能够定义一条清晰的道路，最终创造一个智慧的可持续的星球。

智慧世界是智慧空间网的逻辑产物，它不断地将所有这些数字增强的"智能事物"（智能人、智能场所、智能资产、智能规则和智能资金）连接到一个整体系统中。这个地球的数字升级将一切联系在一起，形成一个完整的、相互连接的数字网络经济，从而实现一个全新的现实。

但"现实"这个词到底是什么意思？

现实的进化

如果人类不是智人，又名"智者"（这个词最早是由现代分类学之父卡尔·林奈（Carl Linnaeus）于 1758 年创造的），那会怎么样？如果我们的"智慧"或"聪明"是一种手段,而不是目的呢?尽管我们与我们的生物祖先有着内在的联系,包括直立人(直立的人)和能人(手巧的人或工具使用者)作为我们身体的延伸,但我们并不是由我们的过去单独定义的。正是我们和我们的工具所创造的结果,才真正定义了我们这一个现代物种。也许把人类描述成"现实的人类"会更准确些——"创造和改造自己现实的物种"。

这就是我们的工具和技术的真正目的和功能。把我们的身体、感官、大脑和想象力扩展到世界上。使我们的想法可以分享,以便共同努力改进它们,使我们能够改造现实,从而使我们的生活更容易,更有用,更安全,更愉快。

"我们塑造我们的工具,然后,我们的工具塑造我们。"

——J. M. Culkin,马歇尔·麦克卢汉[①](Marshall McLuhan)的挚友,《星期六评论》,1967 年

假设所有技术都是扩展技术。它们被设计来改变现实,在这个过程中,它们也改变了我们。难怪今天许多人把我们的"现实"技术(增强、混合和虚拟现实)的结合称为 XR(扩展现实)。在进化科学中,动物工具环境的这种关系被称为表型表达,这是一个共同进化的过程。我们人类创造工具来扩展我们的个人现实,使之成为公共现实的一部分。

人类的大脑有一种地球上任何其他物种都没有的惊人能力。我们称之为"心灵之眼",我们可以用它在脑海中进行高级、复杂的三维空间模拟。不幸的是,我们还没有发展出心灵感应,不能互相分享这

---

① 译者注:马歇尔·麦克卢汉(Marshall McLuhan),20 世纪原创媒介理论家、思想家。代表作品有《机器新娘》《理解媒介》。

些模拟……我们必须将这些多维的世界内部模型转换成更简单的媒介和协议，如口语、文本或图画，以便共享它们。想想看，我们要分享的大部分内容都在翻译中丢失了。

让我们将在"心灵之眼"中创建三维模型并进行模拟的独特能力，描述为我们创建个人 VR 的能力。为了与他人分享我们内心的感受，我们开发了一系列的协议来交流。但为了共享，我们必须减少和降低我们对世界的原生空间的理解。在分享的过程中，我们的个人 VR 失去了精确度、细微差别和背景内容，而这些是其他媒体无法有效捕捉的。

语言是第一个主要的协议，用于将我们的个人 VR 分享给其他人。洞穴和壁画艺术是我们第一个正式的公共 AR 剧院，它是整个部落记忆的长期公共数据存储的两倍。

此后的每一个时代，我们都用我们的个人 VR 模拟器来构思新的更好的方法，以改善我们和他人的生活，我们让我们的现实变得更容易、更有用、更安全、更愉快。我们用我们的工具来改变或增强我们的现实。我们曾经设计、建造和发明过的建筑、产品、机器、音乐、艺术，其实都只是公共 AR。我们的创作将我们的个人 VR 转化为公共 AR，成为一个反馈回路，触发新的个人 VR 模拟，一旦适配又会成为新的公共创作。这个反馈循环成为个人和文化进化的引擎。

"神话是公众的梦想，梦想是私人的神话。"
——约瑟夫·坎贝尔①

我们的各种语言和媒体，无论是以原子为基础还是通过比特流，

---

① 译者注：约瑟夫·坎贝尔（Joseph·Campbell），美国研究比较神话学的作家，代表作品有《千面英雄》《神话的力量》。乔治·卢卡斯的经典之作《星球大战》三部曲，便是深受坎贝尔神话概念影响而创作的。

都在不断发展,以提高我们与内部个人 VR 交流的能力,并将其转换为可共享的公共 AR。从声音、手势和洞穴绘画开始,将向声音、手势和生成沉浸式数字体验的方向发展(现代洞穴绘画)。

在先进人工智能的帮助下,智慧空间网也许有一天会产生一种通用的三维数字语言。这种新的视觉和感觉运动语言将不局限于口头或书面文字或二维符号和形状。它将成为一种理想的全球性、跨文化的语言,以更好地解决我们的内部和外部世界。就像心灵感应一样,它可以让我们更直接、更有效地分享我们内心的感受和在我们脑海中看到的东西。然后我们终于可以说,"我明白您的意思",这将是准确的,实现我们最深切的愿望之一,那就是以最直观和自然的方式与彼此交流和分享我们自己,而不必担心沟通错误。语言和理解的这一强大的、进化的转变也能使我们探索新的领域,超越单纯的交流,进入实时共同创造现实的领域,我们可以在其中玩耍和居住。

人类是现实的引擎

我们在农业、工业和信息时代发明的工具和技术扩展了我们的手脚,然后是其他肌肉,然后是我们的感官,最后是我们的大脑。智慧空间网堆栈中的关键技术代表一个一如既往的主题延续,那就是将我们所具备的能力不断地向外部世界延展:

　　　　XR＝输入/输出感测

　　　　物联网＝身体/肌肉/细胞/感官

　　　　人工智能＝大脑/思维

　　　　区块链/边缘＝记忆存储/感觉神经元

每一种指数技术都有其自身的强大功能。每一个人都有能力以前所未有的方式改变我们的世界和现实。但是,这些指数技术的融合在未来几十年的应用和影响,特别是生物技术、纳米技术和量子技术的融合,为我们的全球社会提供了一个不容忽视的机会。尽管我们用我们的工具创造了一个令人惊叹的世界,充斥了全球通信、商业和内容共享,但坦率地说,这些工具的使用也同时把我们自己和这个星球上的其他居民推向了生存的边缘。

但我们还有希望,因为我们是能够创造和重新创造自己的现实的物种,拥有人类历史上最强大的工具。这些工具可以使现实变得更容易、更有用、更安全、更愉快,不仅是对一个小部落、一个城邦或一个国家,而且是对整个世界。有了这些工具,我们可以建立一个智慧世界。如果我们可以在我们的个人 VR 中想象,我们就可以创建一个共享的公共 AR。

智慧空间网为我们提供了我们今天所需要的终极媒介,我们可以在我们的个人 VR 中,使用我们的工具(人工智能和机器)来共同分享、修改和管理我们的全球公共资源,也就是我们的世界。我们最擅长的是:"让人类成为现实的引擎"。然而现在摆在我们面前的问题是——在指数技术融合的巨大力量下,我们将选择创造什么样的现实?

结　　语

最终，我们都成了故事。

　　　　　　　　——玛格丽特·阿特伍德①

In the end，we will all become stories.

　　　　　　　　——Margaret Atwood

---

① 译者注：玛格丽特·阿特伍德（Margaret Atwood），加拿大小说家、诗人、文学评论家。国际女权运动在文学领域的重要代表人物。

我们不会停止探索，我们所有探索的终点将是到达我们开始的地方，

并第一次知道那里。

——T. S. 艾略特[①]

We shall not cease from exploration, and the end of all

our exploring will be to arrive where we started

and know the place for the first time.

——T. S. Eliot

---

① 译者注：T. S. 艾略特，英国诗人，剧作家，文学批评家，1948 年诺贝尔文学奖获得者。

后　记

2020 年将是人类文明中极不寻常的一年。石油体系"混战"导致金融动荡,席卷全球的新型冠状病毒肺炎疫情,更形成了"双杀",再次瞬间凸显:人类是一个命运共同体。北京、纽约、米兰、莫斯科、巴黎,等等,几乎世界上每条街道都是一个字——"空"。此时此刻,屋外春光明媚,但人被迫困在家里,只能用网络无缝链接外部的世界。我们在屋里,世界在云端,昭示人类平行世界已经悄然而至。地球用重启的模式,为下一阶段生产力飞跃做全面的准备。空间网络时代,比我们的预期提前到来。对于人类的未来生活环境和场景的深刻思考,让本书的编写有了现实意义。

我们联手翻译本书的起因,最早可以追溯到 2017 年深秋,亚洛刚从美国硅谷归来,向大家介绍日趋成熟的区块链技术在美国的多个商业领域获得应用并已经创造很大价值。随着讨论的深入,我们的话题转向了未来科技的进步,将会如何改变人类与电脑的交互方式,毕竟现有的文本的格式,效率实在是太低了。当时徐锷倾向于视觉,而亚洛倾向于声音,在约定去分头探索各自看好领域的同时,我们都隐约地觉察,世界将会向实而虚,"空"和"虚"的现实体现,很快就会带来。

大约半年以后,我们都不出意外地遇到了瓶颈——都无力去构想一个完整系统化的技术体系。经亚洛的提议,我们向远在大洋彼岸美国加州 Verses 实验室的两位科学家加布里埃尔·雷内(Gabriel

Rene)和丹·马普斯(Dan Mapes)请教,他们多年前已经开始思索互联网在经历了 PC 互联和移动互联两个重要历史阶段后,下一步又将会发生怎样革命性的飞跃。丹兴奋地向我们分享了他们已经完成的一个完整的 Web 3.0 体系构建——如何将区块链、人工智能、物联网、增强现实技术和虚拟现实技术融合为一体,构造一个与人类所生活的物理世界映射的智能平行世界。这应该就是下一代的互联网——一个智慧的空间网络!

为了能让人们更容易理解这一革命性构想,加布里埃尔和丹撰写了本书的英文版 *The Spatial Web*。我们一口气读完手稿后,已经有一种醍醐灌顶的感觉,丹还两次特意飞赴中国,向我们当面阐述,这更让我们豁然开朗。正如德勤(Deloitte)公司前独立副总裁杰伊·萨米特(Jay Samit)在本书的序言中所说的:"**当您阅读这本书的时候,您已经拥有了他们提供给您用于探索未来的地图。**"是的,前文所提及的所有的技术好比地图上一个个零星分布的点(dots),加布里埃尔和丹完美地将那些点串联起来(connect the dots),铺就一条通向未来的科技之路。"Connect the dots"的伟大意义,也正是苹果公司创始人乔布斯(Steve Jobs)在亚洛的母校斯坦福大学的 2004 年毕业生的演讲中特别强调的。

本书的价值不只是局限在科技层面讲述如何将多种技术融合为一,去形成 Web 3.0 的技术堆栈,更重大的意义体现在普世的人文情怀上:互联网发展至今,巨头们建立起一个个封闭的"围墙花园"(Walled Garden),将数十亿用户牢牢地封锁在各自的领地之内,无情地掠夺原本属于用户的数据资源获取暴利,更为危险的是以数据算法为基础,大规模地影响用户的行为,形成令政府监控都相形见绌的"监视资本主义"(Surveillance Capitalism)。而本书所描绘的愿景是让用户成为太阳,互联网巨头们则是一个个围绕太阳的行星。这一点至关重要!

本书的英文版于 2019 年夏天在美国出版发行,很快位列亚马逊信息科技类热销榜第一名。我们便开始着手翻译,以飨中文读者。在翻译的过程中,获得了道合金泽母基金管理公司葛琦先生、前奥美集团陶炼先生、中国电信江苏公司黄卫平先生的大力协助,在此表示由衷的感谢!《零基础学区块链》一书的两位作者黄芸芸女士和蒲军先生为本书的内容进行了精心的整理与核对,在此向他们表示衷心的感谢!本书的责任编辑文怡对书稿进行了多轮的精心修改、润色,在此致以最诚挚的感谢!徐锷的女儿徐卓群提供了本书的封面设计。

区块链、人工智能、物联网、增强现实技术和虚拟现实技术融合不仅将催生出数字资产,更会使得互联网不仅仅是实体经济的工具,其本身就成为一个巨大的经济体——数字经济。愿我们携手,不断地探索未来的世界!

由于水平有限,本书的翻译难免会有错漏之处,敬请各位读者批评指正!

徐锷　孙亚洛

2020 年 5 月